U0170623

迈向新山水

孙 虎 著

新山水系列丛书

TOWARDS NEW SHANSHUI

中国建筑工业出版社

图书在版编目（CIP）数据

迈向新山水 = TOWARDS NEW SHANSHUI / 孙虎著. —
北京：中国建筑工业出版社，2022.8
（新山水系列丛书）
ISBN 978-7-112-27492-5

Ⅰ. ①迈… Ⅱ. ①孙… Ⅲ. ①园林设计—研究—中国
Ⅳ. ①TU986.2

中国版本图书馆CIP数据核字（2022）第097419号

责任编辑：戚琳琳　率　琦
责任校对：张　颖

新山水系列丛书
迈向新山水
TOWARDS NEW SHANSHUI
孙　虎　著

*

中国建筑工业出版社出版、发行（北京海淀三里河路9号）
各地新华书店、建筑书店经销
北京点击世代文化传媒有限公司制版
临西县阅读时光印刷有限公司印刷

*

开本：787毫米×960毫米　1/16　印张：22½　字数：450千字
2022年10月第一版　2022年10月第一次印刷
定价：**218.00**元
ISBN 978-7-112-27492-5
（39631）

序

本土设计的当代思辨

文 / 何镜堂

中国工程院院士
全国勘察设计大师

在一代代人的坚持和努力下，如今风景园林学科在中国有了长足的发展，已成为国家可持续发展战略中不可或缺的支柱学科，既连接人文与环境，又构通科学与艺术，其中的设计方法论应当占据了极重要的篇幅。无论是设计师，还是主张理论先行的学者们，都对设计方法论的发展关心备至，尤其是有中国本土特色的设计方法论，更应得到我们中国风景园林人的关注。

在这个领域中，早期的建筑和风景园林先辈付出了卓绝的努力，可以说，如今全国各地的公园、绿地等服务人民的设计，都来自先辈的思想遗产，本书是这条线索在当代的延展。这是一个团队多年来的经验之谈，但又不囿于描述，在实践的累积之上还有知识的提纯和思考的精炼。“山水”二字本就是我国独特的风景文化最凝练、最特殊的表达，而“新山水”既代表了文化的承传，又有向前持续思辨和创造性转化的韵味。

本书在风景园林行业中的位置比较特殊，着重的是方法论的发展，由一线的设计师主笔，使用了大量的设计实例来表达，内容本身大多又是理论的探索。这些来自设计一线的经验与思考能帮助中国本土的设计方法论走得更远，也为之带来了新鲜的活力。我希望广大读者和同仁们能在书中问题的应答与灵感的迸发中激活自己的感受，拓宽自身对本土方法论的理解，为这个行业添砖加瓦。

何镜堂
2022.7.18.

前言

渔樵的山水

文 / 孙虎

渔樵既知山水又知俗世，在自然与社会两界的临界线上跨界生活的渔樵就最有理由成为山水历史观的代言人……与寻求答案或定论的知识努力相反，渔樵试图保持一种可以永远争论而永无结论的思想状态……渔樵即使具备了形而上的眼界，渔樵史学也必定是道不离事……在俗世与神界之间发生着不息不朽的历史，兼有现实性和超越性，所以渔樵的思想就建立在现实与超越的边界上，恰好观察万事变化的临界状态。

赵汀阳，《历史·山水·渔樵》

1.

虽然关于山水的观照和经验早有腹稿，也经过 10 余年的实践与沉淀而更加坚实，但提笔的那一刻依旧茫然不知何处下笔。过程中，几易其稿，始终不尽人意，其间最为困惑难解的问题便是：如何站在设计师的立场，阐述对山水的个体沉思？这既关乎整体的知识逻辑，更影响着输出的核心价值。

凝思深构许久，一直不得其法，直至看到赵汀阳老师关于“渔樵历史观”的建设性观点，进而找到了蹊径与法门——渔樵，恰好与设计师间构筑了身份的隐喻。

渔樵何人？赵汀阳老师认为，渔樵兼具两种身份，一则是生活身份，“久经风雨人事的‘劳动者’而对自然和人生都‘有着丰富经验的人’，这是渔樵的两个生活身份”；二则是理论身份，“渔樵既知山水又知俗世。在自然与社会两界的临界线上跨界生活的渔樵就最有理由成为山水历史观的代言人，由此可以说，渔樵是代表山水历史观的历史学家，这是渔樵的理论身份”。文明的智慧功业被分为“作”与“述”两大类，而渔樵则是“作”的承载，即对文明的创作，而“述”则是为“作”给出解释、提出观念或思想，使“作”化为学说、理论和文献。赵汀阳老师认为，在文明的起源状态中，“作者”与“述者”原为一体，两者合一的初始性提示着，只有劳动者才拥有关于“起源”的直接经验，才能切身理解道，而背弃劳动就不可能得道。

渔樵，以其实践者的生活身份直接和山水发生联系，既以劳动而沉浸于山水间，又以栖存而生活于山水间；在保有世俗经验最大化的同时，又能凭不惑的旁观者身份以山水为道而言说历史，即身为渔樵，心也渔樵。我想，这也恰是作为设计师身份的隐喻——兼有沉浸山水间的实践者经验，以及以形而上为眼界、以山水为尺度却始终保持永远争论而永无结论的思想身份。

所以，基于这样一个特殊立场下的山水书写，便有着清晰而个体的特征：
首先，道不离事，实践者的身份决定了经验和案例的不可或缺，所以会呈现出更多的个体性的经验与沉思，是为一家之言；
其次，问题导向，以现实需求为触点，不断地重新向前或向后建立新的链接，进而得到新的应答，在传承与创新之间保持当代性的允执厥中；
最后，常作常新，不是寻求定论的知识努力，而是保持主体持续成为向多种解释敞开的沉思对象，让方法论保有一种动态发展的生机。

2.

作为一种持续发展的、动态开放式的方法论，本书在成书之前便于实践的路径上走过许多阶段，从 1.0 到 4.0，从关注空间营造到内容和服务的场景营造，再到总体设计的运筹学思维……就不一一赘述，拣择几个重要的时间点，呈现其融涵的动态性成长。

1994 年，我求学于南京林业大学。未入门时，想当然以为设计就是画画图。尤其是自己又喜欢画画，所以便经常背着画板早出晚归地在南京的各处名胜涂抹写生。看不上基础理论课，也便以翘课待之。后来觉得画自然名胜更有灵韵、生机、自由，便慢慢聚焦在了山水一物上，买画册、读画论、看画展……熟能生巧，慢慢有了不错的功底和表现。尤其是设计课上，自己把成画的山水习作拿来作为素材，融入场地条件并加以功能性设计，便形成了不错的创意和特色。正沾沾自喜于自己的表现和创意为大家所赞赏时，当时教我们设计课程的王浩老师（曾任南京林业大学校长、党委副书记）便给我临头一棒——大体意思是：设计不是搞艺术，更不是画图，要有自己的思想，更是要解决问题的，你这是画图师，不是设计师！做设计，会发问比会画图更重要——我没有放弃画山水，但是多了一个问山水：山水是什么？可不可以是方法？人为什么孜孜以求于山水？城市能不能用山水来建设……

2007 年，创立山水比德。关于公司名称，纠结许久：希望保有山水并以此回归本土文化对抗外来文化和全球同质化的侵蚀，希望表达当代性的创造性转变而非一味的历史感伤,希望在地化（粤语）的共鸣与呼应……那儒家精神下的“山水比德”满足了我们的想象和期许：君子比德于山水，把山水比喻成人的品德，将自然山水与人的品德意象化，从而使得自然风貌与人的气质沟通，达到天人合一之境界。概言之，营造自然的诗意栖居，让人和空间希望借由山水的关联介质达成共情、通感。经由不断地实践，我们把这一指导实践的价值观予以提炼、总结，进一步反哺到实践中去。内容初步爬梳了出来，但一直缺乏一个提纲挈领的概括性概念。

2012年，行游九寨沟。面对九寨沟的鬼斧神工时，我进一步坚定了师法自然的“山水”路子：在造化天工面前，一切人文的成就都不过尔尔。千百年来的文化，不过是自然见诸人之心源的局限。所以，“道法自然”是亘古不变的道理和方法论，风景园林亦不例外。只有自然山水，才能在格物的艺术手段下传递，保有灵性和生命的气息，才能真正实现“复得返自然”的诗意栖居。讨论之中，我将关于“山水”的构思与同行的专家学者进行了交流，同时将难以正名的困惑予以请教。来自哈尔滨工业大学的余洋副教授一语解惑：“不如叫‘新山水’,既把你想坚持的‘山水’作为核心概念,又融入设计本身所注重的‘创新’,同时这个‘新’还可以延伸为与日俱新，表明是一个不断成长的包容性态度。”

2016年，到北京拜访孟兆祯院士。“山水的立意很不错，但应是传承在前，然后才是创新，这样才能用园林服务于人民，让人民诗意栖居！”孟院士不仅指出了新山水首先是对优秀文化的传承，更指出了新山水设计方法论的本质应是以“服务于人民”为根本和愿景。立意之高,却又回归到最为朴素的价值追求上。

3.

本书目前依然是探索性的理论草稿，建立在20余年实践与总结的思辨之上。不过我更想强调新山水具有更广阔的历史脉络,这个脉络就是从20世纪初至今,几代前辈设计师在求索现代风景园林设计时所凝结的精力和心血，因此理解新山水需要深刻认识到这个设计方法的谱系坐标。

除了租界内的外国公园，20世纪初中国的公园设计仍在新旧文化和形式中不断挣扎。自朱桂辛把皇家苑囿开放为都市公共空间，民国时代的设计师都在探索如何设计出中国人自己的公园。大家都很熟悉的南京林业大学的陈植先生在20世纪20年代设计的伯先公园就是一种尝试，努力把中国传统的山水元素和湖池假山与国民的教育、游憩和休闲相互结合。20世纪50年代，孙筱祥先生设计的花港观鱼以天才式的设计方法实现了传统与现代的融合。

20世纪80年代至今，中国的主流风景园林设计差不多都在传统的路径中摸索属于时代精神的路径，比如说，经过几代学者精炼出来的中国园林设计方法大量运用到当代的风景园林设计中，新山水设计方法和理论亦是在这条脉络中实现自身的发展和建构，我对此一直尽力保持比较清晰的位置感，这是本书Ⅰ-6和Ⅰ-7重点回答的问题。

上面的简谱能轻易看出，新山水设计方法的思想是从“如何实现传统的同时，又实现当代性”中生发出来的。那么，如何把传统与当代的特定品质同时纳入风景园林作品中？新山水给出的解决性策略是“创造性转化”！但有人还会继续问，什么是创造性转化？实现创造性转化需要建立在一个基本共识的基础上，也就是说，新山水的创造性转化是从“山水”中演变出来的。

4.

山水是中国文化精神的源代码和基因，但是在最近几十年的发展中山水的实质面临着异化的情况。所以，把山水当成创造性转化的基质既是一种精神文化的回归，也是对当今设计价值的某种批判，这是第一章前几节主要论述的内容。

本书的“Ⅱ山水基因”章主要从七个方面论述山水的内涵：一元两极、经营位置、烟云锁腰、澄怀味象、搜妙创真、古往今来、山水之境。一元两极是山水基因的文化总纲，是阴阳论、联系论和互动生发论的总原则，而经营位置处理的是空间结构问题，烟云锁腰强调气这种元素物质和精神的双重性，搜妙创真关注如何再现山水世界，古往今来强调山水所蕴含的时间性，山水之境则描述了观者情感体验的四重意境。

总体而言，这七个方面好像一面棱镜，能折射出不同的“山水色彩”，既绚丽又五彩斑斓；透过山水这面棱镜，读者能了解到中国文化的基本精神如何在山水中得以显现，山水又如何被加工成承载着中国人千年的精神对象。

在梳理山水文化基本内涵的基础上，新山水设计方法的核心就是如何把这些内涵转换成当代的设计方法和理论。因此，在“Ⅲ创造性转化”一章中，一共论述了“新山水七点”：“抓取”和“炭笔”与搜妙创真对应，抓取主要论述设计师如何看待场地，说明观察和处理场地信息的方法，炭笔则介绍风景园林设计过程中的再现问题；“铃木王”和“过程性”对应于古往今来，主要涉及运动性体验的相关内容；“间”则是一元两极总纲进一步演绎出来的设计概念；“氤氲”回应的是烟云锁腰，这里认为风景园林设计需要有云雾等因素的进入才能彰显山水的质趣。

本书的“Ⅳ山水营造”给出了山水比德多年来精品打造的六个项目，这些项目都是新山水设计理论的具体应用。每个项目都具有独特性，运用的设计方法也各有不同，但它们都在一定程度上展现了从设计实践到理论反思，再由设计理论指导新的设计项目，这是一个循环的过程，所以新山水的六个案例还显示了打通风景园林设计与理论的积极尝试。

新山水设计方法论经由实践的需求而被回溯性地建构起来。未来人居环境的建设可能不再仅限于设计的维度，而是成为综合的社会事件。所以，未来新山水理论会朝向两个方向继续拓展：一是面对风景园林传统与现代的转化，继续深化设计维度的若干关键词；二是内涵上的继续扩充，沟通社会、经济和生态、数字科技价值与山水之于风景园林的延续。

新山水之新，并不是要赋予山水新的内涵，而是重新借由山水，再度揭开传统中被忽视和遮蔽的意蕴。尽管这套研究与实践还很单薄，但开端总是需要的。理论只提供讨论的语言，不是固定套路，应当成为一种持续发展的、动态开放式的方法论。

I

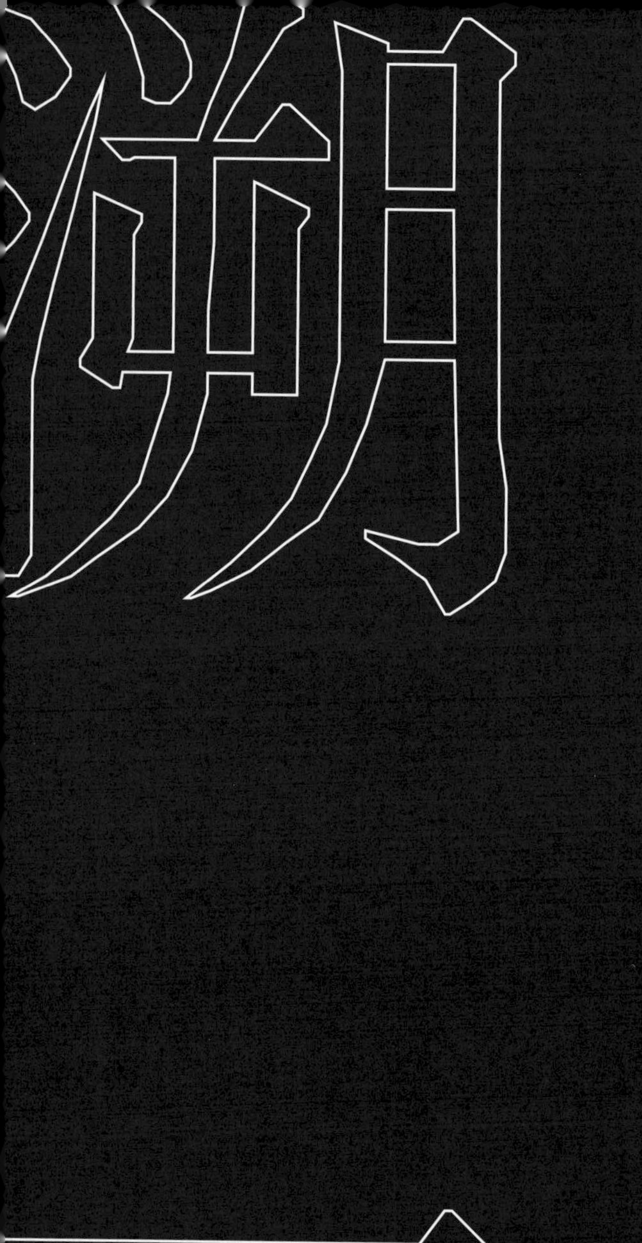

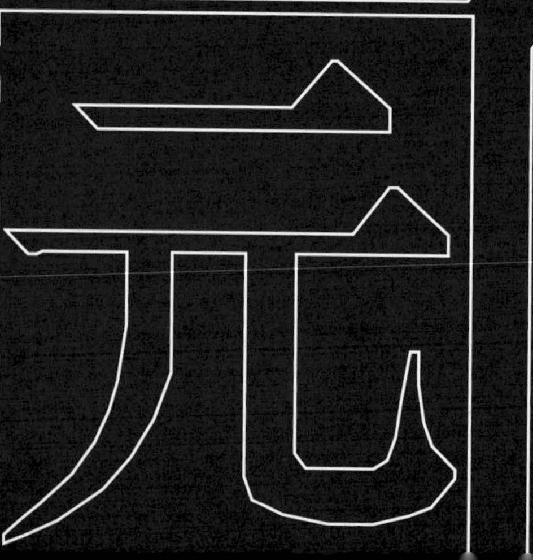

溯园

TRACING GARDEN ORIGINS

Ⅰ-1

症候

“地球上生命的历史是生物与其周围环境相互作用的历史。”

雷切尔·卡森（Rachel Carson）

肌肤的感觉

人处于万物之间，时刻都在适应环境的同时，又想按自我意愿改造环境。随着现代社会科技的快速发展，让“症候”因此而生，规划师创造的环境与人类理想环境两者间产生了与日俱增的嫌隙，它展示出了一种对环境的挣扎与抗拒。

这部有关“新山水”理论思考的书，其“因”就是回应各种“症候”。这些症候有我个人的切肤感受和见闻所思，也有当下的客观状况，累积性效应跨越时间来到这里。这些症候主要分为环境、社会和文化三个层面。

“岱宗夫如何？齐鲁青未了。”我儿时长在齐鲁大地，“兹山何峻秀，绿翠如芙蓉”，“散为飞雨川上来，遥帷却卷清浮埃”……故乡美景如诗般清丽，萦绕心间，交织明灭，构成一幅幅图景。后来到广州创业，毕竟城市喧嚣，那份隽永就只能就化为凉风，仅留心间。这份静谧藏于记忆深处，可当我乡归故里时，发现星空不复往日纯净透彻，渐增的雾霾遮在夜空前，何时能再见到遥远的乡景？

近些年我都会抽空四处游学，一是参观传闻中的经典作品，二是放松紧绷的身心。在城市中长久居住后，我严重的鼻炎总是犯，而到一些空气质量好的地区后，鼻炎就缓解了。我很惊讶这种细微的身体变化，在我看来，身体的诚实程度甚至比记忆和“眼见为实”来得可靠。从记忆到身体，我深感，环境和生态问题是这个时代的主要症候之一。

我曾记得有一次到苏黎世，在迤逦的自然风光中体验当代建筑（图 1.1.1），或是到新疆和贵州，在河谷蜿蜒、层峦叠嶂中感受民居与山水的错落有致。如画的风景中，山水、建筑、量体、界面之间的关系让我着迷。我忍不住感叹：这不就是我竭力要营造的山水之境吗？我回望这些年来去奔走的城市，发现虽然城市绿化一直在做，但更多的是在填补灰色设施的空余，进而割裂。城市与水系本应相依，却被发展所裹挟，切割得七零八碎。市民不能真正地亲水，沿岸的公共性没有最大释放，“山水城市”似乎仅剩一句口号。

图 1.1.1　勒·柯布西耶“母亲之家”的庭院与山湖的风景，瑞士

时代乱象

环境如此，社会问题亦如此。大量居住空间从传统民居迁移到中高层建筑。居住环境和邻里关系变了，传统与人情随时代的发展也远去，“远亲不如近邻”见不到了，“一墙之隔不往来，擦肩而过不搭语”。缺乏交流空间的社区规划设计、不兼容的社交体系是“冷漠”的助力。用都市专家简·雅各布斯的话来说，街道失去了多样性，社区毫无活力。“冷漠”的社会关系也反映出了一种典型的时代症候。

改革开放以来，中国的经济建设取得了辉煌的成就，在这个过程中效率被摆在最高位置。而在城市开发中，因过分追求效率而催生的房地产“标准化”则表现出了风景园林设计中的第三类症候——文化层面。我国地大物博，酝酿出的文化丰富而多元，每个民族、每个地区的地域文化都很独特。而一旦追求速度与效率成为主流，为了快速回笼资金，地域文化显然成了可弃的鸡肋。一系列产品就变成“标准件”了，如同流水线生产一般。这类产品在市场上泛滥，大众会审美疲劳，景观中的文化层面逐渐褪色。

在中国，尤其是房地产的社区景观，有过很长一段时间的“崇洋媚外”，这与学院派研究的取向完全不同。学院派无论设计什么，一个基本观念是要传承古典园林的精神与手法，这是渗入骨子中的，用今天的话来说是文化自信。而中国的社区景观从杂糅的探索走向文化自信，花了 20 多年的时间。

20 世纪 90 年代，中国的城市景观开始流行大花坛、彩带绿植和模纹绿化等。到 2000 年左右，市场驱动着地产开发大潮，社区景观在其中也经历了数次“品位”的更迭。最初用塔司干和爱奥尼的柱廊围合起广场，仿欧陆风，追求尊贵感，接着常使用大象雕塑和喷泉，是东南亚风，象征休闲与浪漫，再到融合东南亚风情和中国本土设计元素的“新亚洲”风……那段时间的景观设计，凡是国外的就是高级的，就是我们要追求的，显然谈不上文化探索，也没有文化自信可言。

初步警觉

我国经济社会的发展迈上了新台阶，文化也跟着开启了复兴之路，国人民族文化认同感增强。景观设计也开始有意识地探索本土的现代设计语言，“新中式”诞生了。这在一定程度上表明了国人民族文化认知的觉醒，对于传承古典园林文化是极好的。不过大量“新中式”设计仅停在表面，滥用符号和术语，存在很大的问题。苏州园林的拱桥、北京胡同的门栓、梅兰竹菊四君子、诗书画三绝……不少外国设计师甚至把这些元素的使用当作进入中国市场的敲门砖。我们所看到的“新中式”，是新瓶旧酒的套路，与空间发生关系的是形而下的符号，呈现出一种简陋的追忆。但我认为，“新中式”不是追忆，更不是还原，而是在“局”里体现传统的“势”。

近年，“新中式”又更新出了简约风格，色彩以灰、白为主，开始在空间构成和设计手法上借鉴中国园林的传统法式。毫无疑问，广州山水比德设计股份有限公司（以下简称“山水比德”）处于这个潮流的浪尖上，但这不是终点，也不是完美答卷。我们仍然认为，有必要且必须更具创新性地处理景观设计的文化议题（图 1.1.2）。风格自然是属于文化范畴的，但文化的内容却比风格广泛得多。

社会和经济的发展是可持续的，既不能没有预防措施，又不能矫枉过正，无限强调预防性措施的最小干预原则，一旦如此，保存性会被无限宣扬，又将抑制人类进行的建设活动。因此，风景园林师的职责就是在破坏性与保存性活动之间进行统筹合理的规划设计，以“中庸”的方式平衡保护与破坏。一方面尽可能弱化建设活动产生的干预，另一方面保证土地本身获得最大限度上的价值存留（环境、社会和文化）。

商品经济会盯上人类对自然的怀恋与对传统的喜爱，近年来以绿色、天然为噱头的食品和保健品大行其道，影响最恶劣的当属对野生动物制品的食用，而这恰恰是对自然最无知的滥用。我相信若能重塑这份“敬畏”，将会从根本上缓解诸多生态问题。我坚信思想启蒙的力量，坚信价值和精神层面上的变革能够唤起相应的活动。

环境、社会和文化，这些层面的时代症候摆在面前。而造成这些症候的力量来自科学技术的大肆扩张、经济效益的追求、文化符号的庸俗化和片段化以及社会关系的冷漠等。这些力量既深刻影响着人居环境的建设，又制约着风景园林的规划设计，而新山水理论的提出便是为了回应这些时代症候和专业问题的。

图 1.1.2　龙湖·云峰原著，厦门

Ⅰ-2

异化的山水

时代变化了，社会的基本精神也会不可避免地变化。这些变化有一部分是进步的，有一部分是退步的，进步和退步是同时发生的。在过去不到两千年的时间内，山水作为中国文化的基本精神，显然属于退化的那种变化类型。一味地崇洋媚外、理性的思维方式和自身的多义概念与整个时代价值使得山水发生了异化的改变，所以新山水的思考必须以缓解和处理山水的异化为出发点。

文化身份与自信

在中国这片土地上，任何设计当然都绕不开“传统文化”这个议题。设计师从中汲取设计灵感，同时也在这个过程中满足自身的想象、认知、身份和文化。

中国传统文化包容、多元、持续，又在漫长发展中保持了自身的独特。即便佛教是从印度传入的，经过长期内化与发展，也已极具本国特色。中国文化在自我演进的道路上走了数千年，直到第一次鸦片战争才戛然而止。由于受到西方的冲击，文化领域开始满溢着不安与不自信，继而展开了“中体西用”。彼时，传统文化在中国园林的建设与发展中似乎处于灰暗的境地。中华人民共和国成立后，苏联的意识形态又影响了城市和公共空间。对称、直板、严肃，大量新建筑和广场体现出了苏联模式的典型特征。这些影响持续到了今天。中国人居环境建设的文化自信还有很长的路要走。

前段时间有位甲方跟我聊项目的文化定位，他希望从田园诗人陶渊明本身入手，而不是仅停留在《桃花源记》或者“采菊东篱下”诗句的浮光掠影上。这个事情至少说明国内的人士逐渐找到文化自信的路径了。

概念的异化

古代中国人将山水立在精神世界里。不过，如今山水也并不是当初的那个山水了。在复杂的环境和各种力量的纠缠下，山水的异化成为一个可讨论的问题。最初黑格尔用“异化”一词强调疏远和脱离的状态。而在人的基本境况中，异化既指人从自然界中脱离，也指人与人之间关系的疏离。而山水异化则是指山水从自身原有的语境中脱离出来，在外来文化的影响和多元文化结构的压力下进行的被动改变。

异化的问题长期以来困扰着我。有几个关键词的区分可以集中体现这种困扰，比如“园林”、“景观”、“风景”和“山水”这几个专业内的常见术语。一开始，这几个词语似在表达同一个意思，即经过我们设计师改造而成的室外环境。但事实上，这几个术语间的关系之复杂远超过我们的认知和想象。

我们南京林业大学（简称“南林”）的陈植老先生的文集中有很多都在探讨 landscape architecture 的翻译问题，他提倡以“造园学”代替园林和绿化这些说法。到了 21 世纪，先是同济大学的刘滨谊教授提议译为“景观规划设计”，后来北京大学的俞孔坚教授则坚持用“景观设计学”。香港特别行政区与台湾省等分别用“园境学”和“造景”，不一而足。直到前些年，取得共识后统一叫“风景园林”，这些纷纷扰扰的争论才算告一段落。表面的名称之争实际反映了背后的理解相异。在学界各执一词中，我想到，园林、景观、风景和山水之间的区别不是词义层面上的，而是每个词背后所指向的文化内涵。

“山水”和“景观”都包含了对自然和风景的描述，但东西方所演变出的艺术审美价值体系大相径庭。中国风景文化的主流不是景观，是山水。从“景观”（landscape）一词的词源可以看出，它强调的是人与土地的关系。但中国的山水从一开始就超越了大地与风景，山水就在那里，天地流转，无言而平淡（图 1.2.1）……

当下，关于景观与山水的分庭还有不同的学者在进行学术的讨论与探索，但无论如何，两者已是相异的了。我们常常在观念上模糊地把景观等同于山水，这是加速“山水”被“景观”这个术语异化的重要原因。在用景观替代山水的过程中，山水原有的涵义面临着被折损的危险。关于这点，当代中国的风景园林师是有一些远见之士的，比如广州土人景观顾问有限公司的庞伟先生，他在近年的讲座中提倡“方言景观”，尽管依然运用了“景观”，但作为修饰语的“方言”表明其想要回到景观的日常性，是一种回归。而我提出“新山水”的基本旨趣之一就是暂且回到山水，回归那个被未景观所异化的人文世界。

图 1.2.1　内蒙古自治区

另外两种异化类型

除了上面说的关键词与概念替换之外，还有两个层面的事实也是异化的主推手：一个是根深蒂固的“媚外心态”，另一个是生态科学所具有的“客观证据”。

自20世纪90年代以来，日本的“枯山水”进入当代人的视野，“枯山水”在其形成与发展中既有中国文化的渗入，又有日本社会独有的境与心。而中国引入的“枯山水”大多停留在表面，仅是对枯山水元素、形态的一味模仿，忽略了其精神内涵及文化的适应性。当前景观设计市场限于悖论中，山水虽然经常被提起，但设计师一边用山水这个意象，一边又不能重新从山水中找到内涵与创新，常常会滑到“形式大于内容”的陷阱。正是在这种不进则退的行业竞争和文化模仿中，被奉为圭臬的山水有时变成了鸡肋，不如国外的景观理念来得更受欢迎，以洋为美、以洋为尊。

几何化的建筑与自然的树木在视觉上的确很容易出效果，但如果缺失建构文化，顶多是一个时髦的商业形式，是肤浅的。尤其在设计竞标时，稍微知名的房地产投资公司都愿意找境外设计师来做景观；就连很多中式园林项目，也愿意找日本和东南亚甚至欧美的设计师来做，似乎国外的舶来品比中国山水传统文化更具有冲击力，更具有吸引力。山水被国外的“先进文化”进一步异化了。

另一个异化山水的力量是理性科学。山水世界是一个诗意的、可融入的，而科学的世界则是坚硬的、分明的。文艺复兴让西方的人们开始睁眼观察周边的自然，随着数学、物理等学科的发展，自然环境就成为被凝视和改造的外在客体。自启蒙时代以来，科学和理性逐渐压倒诗意与感性，西方的经验与意识几乎都建立在一套理性思维模式上，而后果之一便是，他们认为人类凭借着自身好像能无限地改造自然，直到建造出那处伊甸园。

西方科学技术深刻改变了中国的方方面面，人居环境的审美和营建也不例外。比如说，西方的透视画和轴测图的风景再现技术（representational techniques of landscape）传入中国之后，几乎彻底改变了 20 世纪中国园林和风景再现的图示方式，这种改变不仅是表达层面上的，更深入到思维里。一旦通过轴测图和透视图局部表现特定的环境，风景就变成了被凝视的客体，是被抽离出来的、被描绘的外部对象。而中国山水画里的山水往往与人共存，人居于其间。也就是说，中国传统的山水精神被科学性话语简化成了一种关于客体的（object-hood）物质空间（图 1.2.2）。

图 1.2.2　北京通州当代 MOMA 手绘

山水是一种精神、一种

帮助我们建立正确的环

要把被异化的山水解放

数真正“懂得欣赏”风

在的这套理路将“风景

思想体系（准确地说，不

传统营建的智慧在于，

种“内嵌和涵融”的（

非西方的那种“征服与

视着风景）。一生二、

传代，但不是西方性的

“艺”与“匠”的高度统

画家……这是中国的理

，其内在的自然意识能
观念，这也是我们为什么
的原因。作为世界上少
值的文化系统，中国内
现”变成了一套成熟的
“风景”，而是“山水”）。
人与自然的关系上是一
在地居住于风景），而
”的关系（人外在地凝
三、三生万物，经验能
，所以不好理论体系化。
是设计师，也是书法家、
现。

Ⅰ-3

黄金准则

景观设计有真理存在吗？无论是古代园林还是现代的景观都属于艺术创造的类型，触景生情是特别关键的，不可能像数学题那样做方程求解，所以，真的奥秘就隐藏在有法无式中。但是在公司管理上，标准化却是有效的方式，作为首席设计师，就是要在感性的艺术世界和理性的运营管理世界中把握平衡。

何为真？

未到知天命的年纪，好多事情都想求个“真”。基督教中的“真”是上帝耶和华，科学研究中的“真”是证伪，历史的“真”来自多重史料的相互印证。作为一名景观设计师，我经常在想，景观除了“美”和“善”之外，是否还有个“真”？是否有唯一正确的答案？获得这个正确答案的过程是不是也要经历像公式推导那样的演算。从业 20 年，从接触这个专业开始，我一直怀有这类困惑。最近几年的设计和公司管理经验让我对这条求“真”之路有了一番新的认识。

初入南林时，我对这个“再造大地”的专业认知尚浅。入门时要练习绘画，让我对专业产生了浓厚的兴趣，大量绘画训练为我之后的专业手绘打下了坚实基础。然而，热衷于此的我却忽略了对理论知识的思考，当时信息也闭塞，就更显不足。在跌跌撞撞探索的路上，有过一段时间，我非常信奉“天下设计一大抄”的原则。不过就“抄”而言，我也有自己的理解，即便是“抄”，也需要经历三个阶段，即“抄”、“吵”、“超”。首先，临摹大师的作品，就经典设计语言进行训练；接着，要把“抄”的心得总结出来与其他设计师“争吵”讨论，希望能够碰出思想的火花；最后，试图超越前人的想法，形成自己的设计新意。

我认为专业的最高境界是“触景生情”，认为能激发观者感情的设计就是好的设计。“触景生情”这个目标是对的，因为这是通往中国美学精神的必经之路，可在读书时并未掌握其中的法门，也未进行更深层次的思考，那时天真地认为世界上最好的设计师就是兢兢业业画图和出方案的设计师。

后来在创作的过程中，我开始思考客观与主观、人与环境的辩证关系。我似那朝圣的人，走上“求真”之路，山一程，水一程。我领悟到，“景”就是“山水”。艺术与设计，存在于我生命的两端，既是真实也是象征。

在这个最高栖居理想的思考过程中，我发现有些想法是欠考虑的。比如景观设计中能评出最棒的作品、存在一种路径可以通往最佳设计等。历经这些思考后，我逐渐领会思想、概念和理念在设计中的作用，而不再执迷于寻找可以遵循的终极法则来指导设计，也渐渐领悟到设计是个艺术性的创造过程，任何想要找到唯一解的方式都是错误的。无法为有法，有法而无式。就是说设计需要概念以及后续实现设计的流程，但没有固定的“式”来实现最佳的状态，也算是理解“文无第一”的真意了吧。

设计范式

没有可参照的模块、具有主观性的创造、应因时因地而定，这些设计认知贯穿了我过去很多年的思想意识。但自从山水比德的规模逐步扩大，在公司项目中的经验积累和反思又让我重新认识设计的求解问题。

虽是有法无式，但景观设计毕竟不像艺术设计那样可以天马行空，需要在一些限定中完成。即虽然景观设计本身可能偏向感性，但在解决问题的过程中就转为了理性。标准，或者说准则，无处不在。

前年去游学考察勒·柯布西耶的建筑，那些建筑地形以及建筑与基底的关系不尽相同，然而勒·柯布西耶依然提出了新建筑五点，架空的底层、条形的窗户不正是勒·柯布西耶从理论层面上设定的标准吗？这些理论标准不是教条，马赛公寓与拉图雷特的底层处理完全不同。再联想到勒·柯布西耶提出模数的概念，提出建筑设计应该遵循人体尺度进行比例推算。再比如《营造法式》中的模数单位“材”，具有稳定的比例 3 ： 2。这些都是设计中的准则。

标准化管理

而在公司的管理上，更是如此。尤其是设计项目完全有必要进行标准程序的管理，公司在接到项目之后如何进行项目的开展，市场部把项目交给设计组，设计组如何与甲方交流，执行看现场的程序，如何避免与甲方交流的信息叠损，汇报的次数以及后续的施工图的跟进等步骤，不能按照过往的项目经验随性操作。

如今，我们制定了 200 余项管理标准化措施与 3250 个技术标准化体系（图 1.3.1），对公司各个部门的工作进行了规范化、高效化，更是在设计质量、项目服务等方面进一步提升和优化。经过标准化这个思想统一的过程，才能够推动行业进步。没有标准化，设计师就没有限制地创新，可能造成极大的浪费。设计师应该通过标准化进行一步步研究，扎实基础并进行设计。

山水比德创新研究院的生态中心成立之初，是通过数据和量化的方法进行研究和相关的设计，但刻板的衡量标准不是阻止我们实现美好栖居的障碍，我们将在两者之间建立某种和谐的最佳平衡状态，同时还尝试开发一些智能性软件提升绘图的效率，比如说开发某些插件，直接搜索出特定的施工图图块，最大限度地加快制图的效率，节省时间成本。

平 衡

如何在自由的设计中加入某些标准化模块的基础上，既不削弱设计的创造性，又能提升设计的品质，是我当下思考的核心问题。新山水理论也是针对这个设计思考和困惑的成果，风景园林设计的理论不想让所有的设计师都照本宣科地复制一些概念，而是鼓励设计师在思想概念的指引下进行自由创作，但那些理论概念必然具有一定的适用性。

回到经典园林上，陈从周先生所说的“有法无式”大概也是这样的一种理论与设计之间的关系。新山水理论不是（也不可能是）一种包罗万象的、放之四海而皆准的设计黄金准则，它是景观设计的思想性概念。这些概念是未来设计的参考标准，但不是捆绑设计的枷锁。新山水理论试图在设计的创造性和标准性之间建立一种只有设计师个体才有权把握的平衡。

图 1.3.1　山水比德制定的标准化成果图

Ⅰ-4

两股力量的博弈

从生活角度来说，大家都在处理不同的矛盾，个人与社会、个体与全体、群体与环境等。从学生到设计师的职业经历这个过程，我不停地周旋于古今中外的多种思想和文化的交锋中，按照阶段顺序可以分为对峙、并置、对话和穿梭，这是一个从相互排斥到彼此对望，再到相互联系，最后到自由共享的过程。

中西与古今

问题孕育在矛盾之中，20 世纪 80 年代，美国著名的建筑历史学家肯尼思·弗兰姆普敦写了《批判性地域主义》。这篇文章处理的核心问题是“地域性”和“全球化”之间的矛盾。大千世界本色缤纷，而在全球化的浪潮中被洗刷成了相近色调。我们被“全球化”桎梏于不同表现形式的文化失忆中。

全球化与地域化之间发生的碰撞是两股力量的博弈，尽管它们十分重要，但我想讨论的是另外一对力量。

清代中国被迫打开国门，以一种较低姿态接收了西方的文化和意识形态，自此开启了中西（也可以说是古今）两种文化力量的博弈。如今中国变成了一个开放包容的国家，开始以一种平视的眼光看待西学东渐。在这 100 多年的转圜嬗变中，西方的各种文化对我们的体系不断进行影响，中西两股力量开始站在相厌的位置，而今也开始进行改变。中西（古今）这两对力量之间的博弈更让我着迷，也是我在设计思想和实践探索中不得不面对的关键问题（图 1.4.1）。

图 1.4.1　勒·柯布西耶设计的昌迪加尔

简单地回顾中国的风景园林设计史。从民国时期异域折中拼凑的公园到中华人民共和国成立后由孙筱祥先生开创的“孙范式”，再到 21 世纪各种西方元素的快速涌进，今天的风景园林设计可谓百奇争艳。而在乱花迷眼中，背后的那两股力量仍在潜藏，它们交织在一起，但并不和平。

关于中西（古今）的问题，学界的讨论非常激烈，大家基本的共识是“传承”中国古典文化。毕竟中国从不缺失传承的根源，亦不缺少创新的思维。但就我自己的执业历程来说，真正领略到传承真谛的过程艰难困苦，玉汝于成。我的思考一直在力量的交错与胶着中徘徊。如何最好地处理两者，我也是经过很长时间才逐渐梳理清楚这些关系，也正是在这些关系的基础上，新山水相关理论的建构才逐步变得清晰起来。

前段时间由“园景人”自媒体组织的线上分享课程上，我首次把这个博弈过程总结成四个阶段：对峙、并置、对话和穿梭。

对峙

对峙是指两个事物处于相互不能协调、偶尔还会发生冲突的状态。我年轻时总有一种潜意识的声音在回荡——中国传统文化是优秀的，但是向西方学习是必须的，因为它们代表着发达国家的文化阶段。但“如何学”却不甚明确。南林的传统自然是继承优秀的民族精神文化，以创新的方式传承古典园林的基因。我记得大三的作业有广场设计，广场设计需要几何形式，同时还要考虑到使用尺度和功能，但这些形式与中国古典园林语言并不兼容，是两种迥异的表现体系。

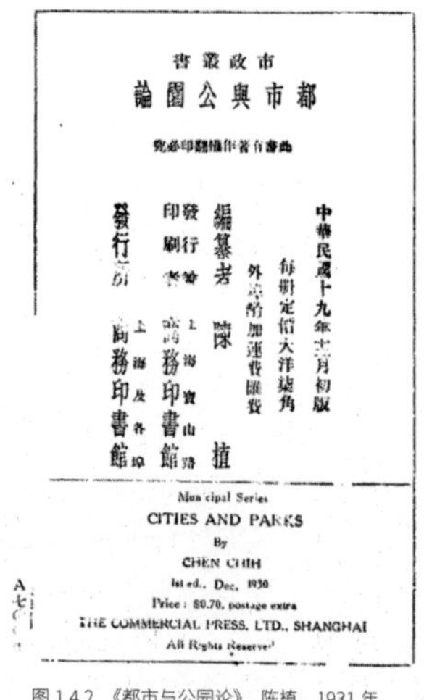
市政叢書
都市與公園論
此書有著作權翻印必究
中華民國十九年十二月初版
每冊定價大洋柒角
外埠酌加運費匯費
編纂者 陳植
發行兼印刷者 上海寶山路 商務印書館
發行所 上海及各埠 商務印書館

Municipal Series
CITIES AND PARKS
By
CHEN CHIH
1st ed., Dec., 1930
Price: $0.70, postage extra
THE COMMERCIAL PRESS, LTD., SHANGHAI
All Rights Reserved

图 1.4.2 《都市与公园论》，陈植，1931 年

虽然那时南林园林系的总体风气很开放，并不拒绝西方，反而大力提倡学生学习欧美的经典作品。但是中西两股力量有时是泾渭分明的，甚至是有高下之分的。或许因为猎奇，或许因为文化自信，或许是简单的个人喜好，更或者是我们不知道如何处理这两股力量。总之，它们的分野导致在学生中的选择是非此即彼的，要么选择西方那套，要么选择东方那套，不时还相互对立。

中国传统文化是否要被现代景观设计所尊

崇和效仿？大多数情况下没有人提出异议。因为中国园林学人和设计师都认为传承是自身的使命（图 1.4.2）。包括陈植、孙筱祥、李正、朱有玠等第一至第三代风景园林师，也包括与我同时代的设计师，对此的体认感极为强烈。不过这里的“传承”有两个问题：一个是我们学生从来都不会思考传承本身是否合理，另一个是前辈们开创的传承之路延续到我们这一代设计师身上还有哪些创新性路径。对于这些宏大命题，我在本科阶段还没能获得思考的结果。

并 置

毕业后我来到广州工作，从象牙塔中的纸上谈兵到社会上真枪实弹的过程中，我对这两股力量有了进一步的认识。“并置”是那个阶段的博弈状态。并置是把两个事物同时放在一起，但它们常常表现得“井水不犯河水”。

2000 年，我参加了广州共青团青年设计师全国竞赛。在这个竞赛中，我试图让各种力量都纳入方案里，以传递出我的概念——“观念的翅膀”，这个方案最终赢得竞标。那时，固然是充满隐喻性的概念能够让专家评审眼前一亮，但在整个设计方案中的“小心思”肯定也打动了评委。那些巧妙的小心思包括了几何和曲线两种道路系统，也有小桥流水和造型前卫的雕塑，还包括修剪的植物雕塑和保留下来的枯树。实际上，当时的我试图把接触到的所有信息，无论中国的、西方的、古代的、现代的，都将它们当成达成设计最终目的和手段放了进去。

不过，从另外的角度反思这个设计就会发现，我还没有真正体悟到如何平衡各种力量。各种信息被“塞”到一个平面中，各自占据着各自的位置。虽然这些设计语言的叙事目的是明确的，但它们基本处于僵持的关系中，彼此之间没有任何的交流。说到底，我当时意识到设计需要关照到两种文化背景，但如何把它们完美地糅合到某个具体方案中，还是没有找到明确的头绪，仅仅做到了意识上的觉察。

对 话

2005 年前后，是一个试图挣脱文化束缚，比较激进逆反的阶段。我在设计中大胆使用色彩和体块的组合，好似要把中西古今的那些紧箍咒都扔掉似的。在广州做的展园“没有边界的奔跑”是那段时期的典型（图 1.4.3）。在这里，我不断使用对比的思维创造，瀑布和静水面的张力、色彩，甚至自由野性和规则修剪的两种植被类型也在相互对比。

经过这段插曲，我感到还是要回到原点继续前行，于是就迈入下一个阶段的探

图 1.4.3　没有边界的奔跑

索了。如果说并置更像是各种力量之间的直接对比，那对话则转化成相互交流的模式。在很长的一段时间中，对话是中西文化比较下的理想状态，对话要求这些力量不再对峙，不再并置，而是希望两者产生交流，但景观的形式和内涵如何跨界地产生交流没有确定的答案。期待这个对话出现实际上困扰了我很长时间，尽管没有及时找到好的出路，但后来我从“山水”这个词中找到了另一种对话的可能。

“山水”是一个紧密结合的关联词，不过他们各自都是独立的汉字。中国人喜欢对偶，山与水常常作为一对伴侣出现，山水两者之间的交流才能维护山水的内涵，这种交流就是对话的形式。通过思考山水，我得到一种启发，使我逐渐明白，中西古今的对话需要服务于一个整体性的共同目标。这个共同目标就是如何通过各种力量的对话机制实现一种具有文化内涵、社会效益和生态价值的人造环境。

穿梭

从对话到穿梭的过渡，相对来说更自然而然。如果说我认识到对话机制有必要建立起来，但始终不得其法，穿梭让我更加明晰了各种力量的相互关系。穿梭是形容某个人可以在各个事物中游刃有余地游走，只要他具有清晰的目标；穿梭是一种手段，帮助我们实现最终的愿景。因此，穿梭并非以机械的方式把各种力量拼凑到一起，而是希望实现某种最大限度上的融合，在绝对的差异中找到中西之间的共性，在保持古今连续性基础上找到合理的支点。

回到这个小节开篇提到的全球化与地域性，如何在各种力量的博弈中找到处理两者矛盾的钥匙呢?

可行的办法之一就是回到场地。事实上，每一次博弈与过招，都是价值观在设计中的输出与体现。我们需要探讨个体与环境、集聚与迁移、过去与未来、现实与希冀、开拓与安居等看似对立的矛盾，并从其中间地带寻找切入点。在中国传统造园理论中，因地制宜是古人们的营造智慧。而西方近几十年在设计领域中最重要的关注点之一也是场地。从场地自身的条件出发，穿梭于各种力量以及背后的形式，才有可能实现满足内心期望的设计方案。

但问题仍然存在，如何从场地出发“做出”相应的设计，本书提倡的新山水理论就是如何做出初步解答，在这个过程中，各种力量必然是内在于规划设计中的。因此，通过梳理我个人关于各种理论的博弈，一方面能够聚焦某些存在的共识点，另一方面还能为在探索新山水核心概念时更好地安置这些错综复杂的关系做准备。

Ⅰ-5

悬置现象

景观设计的文化传承陷入了悬置的怪圈，如果设计师要想做出创造性的设计，应该看到三种不同层次的悬置现象，主要涉及文化的载体、文化的基因和文化的空间建造方式三个层面。只有在迷雾中看到一丝的光亮，设计师才能停靠在梦想的彼岸。

文化的悬置

尽管以上四个思考的博弈阶段看似很连贯，其实是在用设计作品延续的。像我这样站到台前实操的设计师毕竟还是以实战为主。过去的 20 年里，我一直抱着怀疑的态度不断探究设计的“真”。既要与甲方打交道，还要追求创新的设计，更要频繁与同行相互交流和学习。设计于我于团队都是一场伯仲难分的鏖战，我始终最关注如何设计出优秀的作品，理论思考便是穿插到这个过程中的。

一直在设计一线的切身体会让我常常想抛出一个问题——中国当代风景园林设计的文化坐标到底是什么？在第一部分的症候章节中，我以房地产景观为例，历数近 20 年发展中的各个风格探索。实际上，我自己就是这场浪潮的亲历者，也分享着市场带来的红利。但这不是停止思考和批判的理由。回头看这段过程，我既深陷其中，又不断想挣脱出来。我自己不满意风景园林设计的现状，略带夸张地说，当代中国风景园林设计实践目前“悬置”了。尤其在设计的文化内涵上（其他领域的探索并未停滞），设计同行似乎不再能探索新的出路了。

若不去仔细思考景观设计中有关文化层面的问题，也没觉得有什么困境。但如果把景观设计当成一种文化类型，或是表现与揭示，问题就来了。简而言之，“悬而未决”可以描述行业的基本态势。下面就尝试回答一下什么是悬置状态。

第一重悬置

在景观设计的文化关怀中，传统应该被瞭望、回归和继承。但我们要回到的那个传统是什么，却始终没个满意的答案。中国的传统精神很宽泛，老庄的逍遥静虚、孔子的仁礼、魏晋的风流……

在这些宽泛且形而上的精神概念中寻求设计的立足点，现在似乎显得捉襟见肘。比如说，诗情画意是古典园林具备的一种精神。但设计师若以“诗情画意”为基础概念而设计就会显得“言之无物”。不是说“诗情画意”本身不能撑起来中国文化的门面，而是说诗情画意是一种极高追求，但它不能直接指导设计师做出达到这种意境的作品。如何诗情？如何画意？到底是空间结构能够传达其内涵，还是形式或者题名？所以一旦把诗情画意误当成可实施的设计手法时，道就跌落成器，中国文化之于景观设计就被泛化了。一部分人脸谱化地认知和解读完诗画传统背后的符号，将其堆砌在景观的场地中。情节变成了套路，结构装进了模具。有时仅仅是没有“生意”，有时就显得扭曲、不美。如果拿掉项目的地方特征，可能甚至无法辨认它们是什么，更不用说背后的价值。这就带来了第一种悬置现象。

第二重悬置

风景园林师设计尝试进入中国文化内在的精神而不得其法时。一部分设计师就开始寻求其他出路，不假思索地选取某个中国文化的节点作为设计的支撑。唐代壶中天地的中隐、宋代的精致风雅、明代的天然智趣，或者清代繁复的假山堆叠，都是可被选择的文化切片。问题在于，在这个过程中，有时会过于钻到某个文化阶段掠取片段，只见其一，不得其二。

我们能看到，一些设计师会选取某个古代典型的诗文或图画作为文化支撑点，将其所描绘的空间结构和景点主题巧妙地过渡到自己的方案中。王维的辋川别业就是一个已经“网红”的文化原型，诸多设计场景的主题都设定为“坐看云起时”，以此作为景观的文化想象，并贩卖给甲方。我们不拒绝景观设计的网红化，但应警惕它愈演愈烈时，越来越多的人将会以同样的眼光看世界，画地为牢，让群体逐渐形成了一种对山水之美的狭隘见解。这种方式目前有大行其道的趋势，遮蔽了在当代景观设计实践中置入传统文化内涵的路径，大家虽然觉得不满意，但当下似乎又找不到更好的方式取代，这便是我所认为的第二种悬置现象。

第二种悬置现象的原因是简单认为符号是传递文化的有效载体。恩斯特·卡西尔的哲学符号当然是文化的载体，但后现代主义建筑的符号性所能传递出来的文化程度是受到质疑的。当然，更严重的问题并不在于符号本身能不能传递文化信息和记忆情感，而在于风景园林师太过于依赖片段式的、肤浅的符号，让大家默认了符号就能让景观设计具备文化内涵。设计与文化之间关系的建立慢慢依赖上了这些表层符号，某些符号直接被塞到设计中。这种局限性也是文化上的一种悬置。

第三重悬置

第三种悬置的现象比之前两种要好很多，刘敦桢、陈从周、彭一刚等先生对中国园林分析后，提取出相当多的智慧结晶，围和敞、藏与露等对比手法、看与被看的相互关系等。当代中国风景园林师处理空间时或多或少都有运用这些来自前人的智慧。中国风景园林师在过去几十年中，将这些理论使用得炉火纯青，是景观设计得以形塑的重要法宝。不过我们在充分尊重先辈学者的园林思想的基础上，需要继续拷问是否还有其他的可能。这就是我一直在思考的设计创新。

这十几年的设计经验和理论思考让我针对上述的悬置现象有了自己的一番理解。我认为，山水是一把打开悬置状态的有效钥匙（图 1.5.1）。山水是中国文化精神的基本源代码之一，不是空洞无物的标签。诗情画意可以通过山水实现，绘画和诗歌也大量描绘山水，山水园更几乎成了中国园林的代表。因此，山水不再让设计师抓不到实质，并解决了悬置中找不到具体载体的问题。

山水文化自魏晋起，贯穿其后历朝历代，在赋予景观塑形上具有巨大的潜力，能在空间和形式上把精神意蕴和物理形体化打通。提供的不再是符号的肤浅拼贴，而是一种真正意义上的创造性转化，同时能在一定程度上能解决“文化回归总是陷于某个历史的切片中”的悬置境地。而从未被仔细发掘的山水之间，也许能带来更多原本文脉中就蕴含但已被遗忘的潜能。

路易斯·康把建筑材料的源代码放在了砖上，而我希望中国景观的源代码是山水，它是那块可能解开迷雾的“金砖”。

图 1.5.1　川藏沿线

Ⅰ-6

释新

新山水到底“新”在哪里？一言以蔽之，传统之心和现代之用的相互结合。这种感悟是行万里路和读万卷书后总结出来的经验。表面上旧的东西可能最失去传统的气韵，而外观很新的事物也可能骨子里是传统文化的自信。所以“新”是一种链接过去与当下之间连续性的创造活动。

柯布西耶的启示

身处当代中国景观设计的文化悬置中，我翻看自身的实践经历。于是，山水被我锁定为一个突破口。这既是基于行业的总体判断，又是来自本人的经验梳理。而问题也随之而至：传统的山水应怎样腾挪到当世环境里？精神层面的山水可以继承性地保留，但形式语言一定需要过渡和转变了。在这个过程中，我仍然期待着有些其他层面的创新。因此，我用了一个颇为令人迷惑的“新”来表达山水比德的探索。

在与同行的交流中，他们时不时问我，你用“新”山水表达设计理念，难道还存在旧山水吗？新山水到底新在哪里？新山水是不是要把传统山水抛弃而再造新的内涵和形式？是不是仍然是新瓶旧酒的唬人概念？其实前几节的我也是在回答上述的疑问，不过并不直接。接下来，我先分享两个最近研读的设计案例，在它的基础上，再切入到新的诠释上。

当我深陷设计与外界的双重窠臼时，会走出办公室去感受世界和欣赏艺术。这些有温度的触摸是一种设计上的寻道对我而言是生活中的必不可少。这几年我常跟着有方的学术团队实地考察建筑大师的作品，勒·柯布西耶、路易斯·康、巴瓦、西扎等。站立在那些建筑前，如沐春风。它们向我敞开，我也向它们敞开，真谛也许就在这里回响。

我尤其喜欢勒·柯布西耶的建筑，重返经典现场的体验让我经常沉浸在氛围中，朗香教堂和拉图雷特的现场感受让人惊叹。萨伏伊别墅的底层架空、长条型开窗，以及自由的平面和屋顶花园的第五个面……从前在书中看到的摄影于现实面前闪烁，与之合一。

勒·柯布西耶的建筑就像一部交响曲，在干净利索的空间里却有石濺谷鸣的清音回荡，如身临其境。我不得不再次感叹他真是天才的创新型大师，永远激进地抛掉旧时代的东西，拥抱新世界的各种可能。然而，这种认知在一次阅读中被颠覆了。王骏阳老师《阅读柯林·罗的拉图雷特》中有一章节专门分析建筑史学家柯林·罗论述勒·柯布西耶的建筑。在他的分析中，描述了柯林·罗把帕拉第奥和勒·柯布西耶的作品进行比较，发现帕拉第奥在 1550 年设计的马尔康坦塔别墅（villa malcontenta）与 1931 年勒·柯布西耶设计的加耶别墅（Villa at Garches）存在很大的相似性。

这两座建筑物相隔差不多 500 年，帕拉第奥在建筑正中心往外突出了一个进深 1.5 个单元的门廊，而勒·柯布西耶则在边上往外突出了一个 1.5 单元进深的平台。勒・柯布西耶的平面是自由的，但帕拉第奥的平面却具有强烈的向心性，导致这两座建筑的视觉印象完全不同；前者是现代主义建筑的典范，后者是古典主义建筑的代表。而令人吃惊的是，两个不同时代风格的作品尽管在外表与内部表现得截然不同，但是其模数和结构竟然存在极大的关联。它们开间的比例模数是相似的，柱子的间隔都按照 2 ： 1 的规格进行设置。

阅读的震撼

柯林・罗的研究彻底颠覆我心目中的勒・柯布西耶形象，勒・柯布西耶的现代建筑并非与传统彻底断裂，而是跟古典传统在深层次上互动。这个认识也帮助我进一步思考山水的新旧问题。是不是可以在外观上，现代景观完全不同于古典园林（山水），但内在的某些骨干实质却可以传承古典园林（山水）的精神?

带着上述疑问，我尝试继续寻找答案。随后，金秋野在微信公众号上逐句研读的《透明性》一书关于塞尚绘画的分析与冯世达关于拙政园体验的研究，进一步引导我思考山水转化的契机。在金秋野的分析和冯世达的研究中，虽然研究的对象分别是绘画和园林，但是研究的共同点——“空间深度”却给了我极大的启发。

在金秋野的研究中，塞尚的印象主义的《圣维克多山》具有两大特点：空间压缩和体验跳动（图 1.6.1）。这幅画采取正面视点（Frontal viewpoint），画面的三维空间几乎被压缩成近乎二维的状态，透视中近大远小的线性布置消失了。画面基本没有前景、中景和远景的区分，随之而来的是三维的空间深度被二维平涂压缩了（Suppression of depth）。而且多样的色块和强烈的对比色造成的视觉幻觉让画面中的物体看起来像反复来回的跳跃。最终，画面产生了一种模糊，它能同时容纳二维和三维的、半透明的现象。中心密集的笔触网格（斜线、水平线和垂直线）和画面外围的松散的笔触（水平线和垂直线），两套笔触相互支撑，彼此加固。

而在冯世达的研究中，从拙政园的梧竹幽居向南望，石桌挡住了后面的水池，架桥挡住了另一处水面，由于石桌和架桥遮蔽了后面的水面，因此，整个园林空间在视觉上处于被压缩的状态。但这个压缩是暂时性的，因为三维空间与二维画面不同，园林空间能够允许人“游观”，只要游者踱步跨过梧竹幽居内的石桌，被石桌和架桥挡住的水面就露出来了，遮蔽的空间得以释放，此时，空间一下子就获得了拉伸，人的体验就发生了巨大的转变（图 1.6.1）。

图 1.6.1　拙政园的梧竹幽居

在这两个研究中，随着身体的移动，空间的深度出现了伸缩，这个论点在中国园林与现代景观的转化层面上就具备重要的理论意义。一旦知道这个道理，我们就可能实现期望中的“新旧转化”，即便这种转化还需要更多具有可操作性的概念作为架构辅助。

总之，在帕拉第奥与勒·柯布西耶建筑的比较性分析中，古典与现代之间存在某一条转化路径。而在塞尚的绘画和中国园林的分析中，空间、视觉、身体之间微妙的多重关系也有他山之玉的价值。

何为“新”？

上述的例子帮我想明白很多新山水理论的诸多问题。在上面论述的基础上，就可以诠释新山水的“新”到底指的是什么。新山水中的“新”这个标签中有三个层面上的意图。

首先，新山水之“新”不是要像现代的先锋派一样摧毁旧的体制，然后重新建立一个新的体系，反而需要与传统保持一个紧密的联系（这种联系肯定不是片面的、直接的，而是某种类似于勒·柯布西耶的建筑创作）。从表面上看，“新”看似有一种与过去断裂的姿态，新与旧似乎存在着不可调和的语义歧义。但山水没有旧的概念，山水在中国传统的历史精神中存在。如此，新就不是相对于旧而言，新只是一个当下时代的称谓。在此意义上，新与山水并不存在任何的矛盾关系，甚至可以说，新必须建立在旧（山水）的基础之上，只是与旧完全不同。

其次，新其实内含了一种辩证回归，为了回应第二小节中山水的“异化”，“新”要求我们重返被时代价值所遮蔽的山水精神，寻觅和重塑那些被颠覆的、扭曲的、遗忘的山水精神。具体来说，新山水就是要再度唤起古代中国理想的山水世界。山水是符合新山水的“当代性”内在诉求的。在意大利哲学家阿甘本的语境中，只有在当下可以意识到古代印记和迹象的人才能称为当代人。因此，“新”强调当下已经被抹去，且未曾经历过的山水精神和形式，而这份非教条式的回望正好将目光投向山水的视域（图 1.6.2）。

再次，“新”不是一味地钻到旧世界，创新的那一面更正向。“新”要求理论具有时代关怀，具有现实危机感，而不是以落入旧窠臼的方式无限复制传统精神，粉饰当下的素装。“新”试图跳出古代世界物质的束缚，以灵活的方式应对各种可能出现在人居环境营造中的棘手问题。我们一方面承认山水精神提供的文化内涵和价值，另一方面相信山水精神会以一种全新的、创造的面貌处理现实议题。“新”没有任何区分“旧”的意图，更没有放弃“创新”的目标。

图 1.6.2　凤凰文投山水尚境

“新山水”这个理论术语内在于一种辨证属性。“新”这个词汇同时蕴含着“传统”与“当下”两个时间维度，既珍视古代的山水精神，又以当下人居环境营造为基本目标，从而实现古往今来的双重弥合。我试图用“创造性转化”表达这种含义。借由此，我可以说，“新”并非摧毁和重建传统，而是与传统为舞，再造传统。“新”并非一味地泥古，而是要以时代性格进行创新。新山水要探索出如何让当代风景园林设计一边回到传统性，一边又保持现代性。

保守与激进，回归与创造。“新”不是一个形容词，而是一个动词。即回望过去，面向当下和未来。

Ⅰ-7

坐标

思考新山水应该放在哪个理论坐标？新山水努力探索设计方法，但远不敢成为理论体系。这种设计方法是科学与诗意相互结合的产物，同时，新山水理论立足山水城市的当代探索，同时还关照和回应当代景观理论的参考坐标，在传统和现实中实现自身的突破。

理论参照系

从设计到思想，具象到“物”，落地到“形”。新山水的提出既是一种设计变革的契机，也是一种“破而后立”的反叛。新山水很难轻而易举地成为一种关于风景园林规划设计的理论思想，因为在建构过程中很多关键的理论问题需要处理，涉及的各种定义和概念都很复杂，下一个明确的定义也绝非易事，况且给这样一个尚处于探索阶段的理论形态下定义很容易掉入陷阱。但至少我们已经概括出新山水的目标和内容，在最基础的层面上，可以试着解释一下新山水到底是何物。

在之前的“溯园”环节，我们讨论出了以下几点：新山水理论想要回应当下的社会环境和文化的各种症候，尤其是处于异化状态的山水精神，以及处于悬置状态的文化现象。这个理论的目标是通过景观的建设，达到营造诗意栖居的生活理想。新山水不会标榜自己是风景园林设计的唯一原则，但至少是行之有效的理论形式。在中西古今的各种力量中，新山水锚定其理论立场，辩证地看待新旧问题，以创造性转变的原则实现传统山水世界的再造。

为了更好地理解新山水，我想要继续论述一下新山水的理论和坐标，让新山水能更加立体地呈现。

新山水尽管以文化立基，但同时会把社会和生态也纳入进来，形成一种“文化内涵、社会关系和生态环境”三足鼎立的总体框架。不过新山水理论并不想包含一切景观理论，因为这显然不太可能，也不是我们提议新山水理论的原始动机。新山水的框架不可能绝对体系化、充分完备、包罗万象。至于涉及社会和生态，是要让新山水理论下的设计实践能兼顾更多元的景观目标，避免顾此失彼，远离平衡。

现有的知识理论一定对新山水理论的建立起到了巨大的帮助作用。它们必然存在相互交叉的部分。准确地说，新山水理论也应归属在景观学科的知识体系内。或者在更广义的层面上，新山水理论隶属于吴良镛院士建立的“人居环境科学”知识体系。这样来看，以实践为导向的、涉及各种内容的“新山水”理论必定在风景园林学科的理论体系下获得自身的坐标。

左右互搏

而理论体系又是怎样的？新西兰学者西蒙・R. 斯沃菲尔德（Simon R. Swaffield）

的相关研究能帮助我们进一步理解。他把知识与世界的假设分成三种：客观主义、主观主义和（社会性）建构主义（表 1.1）。在知识性价值上，客观主义的作用在于预测性和工具性，即处理 what 和 how 的问题。而主观主义在于评论性，对于得失的判断。建构主义则是解释性，即 who、when、why 的问题。三大主义都分别在景观领域有自己的投射和追随者。

举例来看，自然科学和实证主义是客观主义的理论观点实例，那么在景观领域中的理论就可以对应到景观生态学、感知的心理 – 生理和认知模型等，这种理论的方法论是实验，调查方法为测量、问卷和使用评估等。

主观主义的理论中，批判性研究和后结构女性主义这些都是理论观点实例。在景观领域中，表现主义理论和视觉批判研究是其中之一，其典型的方法论是修辞论证，而具体研究方法是文学解构等。

社会性建构主义的理论表现是实用主义、诠释学、现象学和符号互动理论等，而过渡到景观领域，则表现为设计过程、生态美学以及模式语言等，其典型的方法论基础是话语分析和史学方法。

这样看来，风景园林设计的相关知识可以同时属于不同的理论阵营。根据尺度、内容和设计阶段的不同，需要运用不同的方法论和策略。新山水应是一个开放的理论体系，既需要借助各种次级理论的支撑，但又根据具体的情况而选择特定的理论形态。

斯沃菲尔德的景观相关的启发式知识构成框架，展示了常规的研究范式，上方阴影部分代表“严密”的客观主义者网格体系，下方阴影部分代表流行的以“个人主义”视角进行的设计批判范式

表 1.1

<table>
<tr><th>知识与世界的假设</th><th>知识的作用</th><th>理论观点实例</th><th>景观学科实例</th><th>典型的研究方法论</th><th>研究方法（举例）</th><th>主要表现形式</th></tr>
<tr><td>客观主义</td><td>工具性 /
预测性
是什么和
怎么做?</td><td>（后）实证主义
自然科学</td><td>基于感知的心理 - 生理和认知模型</td><td>实验
准实验研究</td><td>测量
问卷
空间分析
使用评估</td><td>附有书面解释的数学符号</td></tr>
<tr><td rowspan="4">（社会）建构主义</td><td rowspan="4">解释性

谁，什么时间，为什么，以何种社会过程?</td><td>实用主义结构化理论
实践理性</td><td rowspan="2">设计过程
生态美学</td><td rowspan="4">行动研究
话语分析
史学
民族志</td><td rowspan="4">观察
访谈
文献分析
个案研究
设计研讨会</td><td rowspan="4">附有说明性图表和照片的书面陈述</td></tr>
<tr><td>诠释学</td></tr>
<tr><td>批判理论</td><td rowspan="2">模式语言
场所精神</td></tr>
<tr><td>符号互动
现象学</td></tr>
<tr><td>主观主义</td><td>评论性
谁得 / 谁失？如果这么做会怎样?</td><td>批判性研究
后结构女性主义</td><td>表现主义理论
视觉批判研究</td><td>修辞论证</td><td>文学解构
图形实验
批判反思
创造干预</td><td>多样媒介
——书面
——图表
——听觉
——表演</td></tr>
</table>

有时候，新山水理论下的部分可能并不相互兼容，就像主观主义和建构主义是对立的一样。科学理性认为假设－演绎（hypothetico–deductive）的模式可以解决任何问题，依靠科学的、量化的、数据的、严谨精确的理论体系能为景观设计提供方法论。想象诗意则与科学理性的理论模式背道而驰，以反现代技术的工具性为目标，重塑诗意栖居的想象性，我们常常谈论的特质、场所、身体经验和沉浸等理论就属于后者。

那么新山水如何处理这种问题呢？我们的策略是“因地制宜”，不为了造景而造景，而是遵循自然规律，将景观作为日常功能场所。不同的地域、不同的项目类型，不同的尺度、不同的设计诉求，我们将选择适合的理论进行具有独特性的设计。新山水既不排斥这个主义，也不狂热执迷于那个主义；既不盲目推崇文化内涵，更不会忽视景观的社会和生态内涵。我们认为这不是逃避，而是充分尊重事实再判断。

浪潮中的定位

过去的20年里，景观理论界一共经历了三轮的理论反思，波澜起伏。詹姆斯·科纳（James Corner）领导了景观复兴（recovering），瓦尔德海姆（C. Waldheim）高举起景观都市主义（Landscape Urbanism）的大旗，最近一次是吉鲁特（C. Griot）组织的当代景观思考（Thinking the contemporary landscape）的会议。这三次理论讨论活动最终皆集结出版成理论性书籍（图1.7.1）。除此之外，一本名为《何谓景观？——景观本质探源》的论著也与这三本著作交相呼应，某种程度上共同构成了当代景观理论思考的格局。我们发现，关于景观设计的理论不但没有达到共识，反而处于相互激荡的讨论过程中，这也是新山水试图参与景观设计理论话语的外部契机。

最近在《风景园林》杂志上发表的一篇文章中，宾夕法尼亚大学的风景园林系主任维勒（Richard Weller）将当代景观的理论类型大致归结为11种：场所精神、反传统主义、奇观、赛博格、数字景观、不确定性、管理主义、行动主义、弹性、景观都市主义和宏大规划。这个分类包含了当下景观规划设计的多种理论风尚，透过这些词语，我们能看见这些年景观界土壤结出的果实，也能在其中找到自己的定位与倾向。

新山水当然不可能涵盖上述的所有理论，所以它在这些理论中“跨越”，而不拘泥于特定的类型。这样看来，新山水更像是一种目标，而不是可操作的具体手法。我们在历史和理论中努力探寻契合的理念，总结研究可达的路径，为新

图 1.7.1　四本当代景观理论的书籍

山水的思想和实践提供支撑。在本书的“Ⅲ创造性转化”一章中，我以“创造性转化”概括新山水的概念关键词，而具体谈论之前，我打算先简单介绍一下山水实践的历史渊源。

指明灯

20 世纪 90 年代末，钱学森院士给吴良镛院士写了一封交流信，才算从真正意义上重启山水与环境建设的讨论。钱老在信中写道：“能不能把中国的山水诗词、中国古典园林建筑和中国的山水画融合在一起，创立‘山水城市’的概念”（图 1.7.2）。

在进一步阐述山水城市概念的时候，钱学森先生继续论述道：“山水城市的设想是中外文化的有机结合，是城市园林与城市森林的结合……中国的山水城市应该有深邃的文化内涵，要有诗情、画意，园林情、建筑意。这是东方文化特色所在，是中华文化的精髓。应该用园林艺术提高城市环境质量，要表现中国的高度文明不同于世界其他国家的文明”。钱学森的“山水城市”也批判了一些现象，“现在我看到，北京市兴起的一座座长方形高楼，外表如积木块，进到房间则外望一片灰黄，见不到绿色，连一点点蓝天也淡淡无光。难道这是中国 21 世纪的城市吗”？ 钱老的批判，也与新山水理论试图遥相呼应。

当代建筑师马岩松也以钱学森的山水城市作为历史溯源的支点，以山水城市作为自身的设计理念。马岩松认为，山水城市是一种新的秩序，一种对抗现代主义环境危机的有效模型，以重新建立人与人、人与自然之间的情感联系，期望最终创造出新的生命和精神的栖息地。他认为未来的都市规划应当遵循六个思想和原则：山非山，水非水；留白和空儿；借景；空间绿化率；人体尺度的空间；隐性交通。通过这些策略，未来的都市能走向山水，从物质走向精神，从冰冷走向温暖，回归人性的情感。

从都市到建筑再到景观，山水都有自己的一席。山水既是物质构成，又是精神载体。在最宽泛的意义上，新山水理论的历史简溯目的便是叩石过往、问津当下。用景观的理论知识作为武器，努力探索一条人类重返自然栖居的路线图：微观尺度上，是以生态自然赋存居住空间的诗意栖居，让山水引入城市斑块空间，让居住寄情山水；中观尺度而言，是解决城市化过程中的同质化和城市病问题，让城市融入山水；宏观尺度上，新山水试图解决国土空间规划体系中的生态安全格局和生态文明的特定建构方式的问题，从而让山水体系可以成为国土空间的基础设施。

回到本节开篇提到的问题，有的读者仍然会疑问，读到这里，新山水到底是什么似乎仍然没能说明白。毕竟实际上，下定义是最容易，但同时也是最难的。说它简单，是因为没人给出限制；说它难，是因为定义要求概括精准。为了进一步解答新山水为何物，我选择继续卖关子，侧面迂回。在我看来，新山水理论如何介入设计才是最根本和最关键的事情，从理论到设计必须有个过渡。因此，问题就变成了，如何从理论到设计实现转化的相关思考。

普适地说，理论是一种假设模型，等待未来的事实进行验证。而在景观中，我们也可以说，新山水理论是一种思想形式，让设计师可以按照它进行设计，然后，再从实践中得到反馈，用经验使它完整。

下一章，我将以十几年的实践经历为思考基础，提出若干个设计的核心概念，以期在关键词的论述中解释新山水是何物。

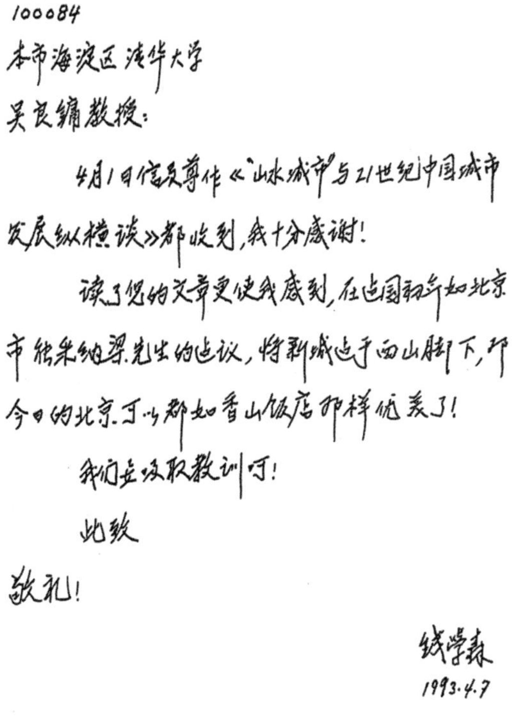

100084

本市海淀区 清华大学

吴良镛教授：

4月1日信及尊作《"山水城市"与21世纪中国城市发展纵横谈》都收到，我十分感谢！

读了您的文章更使我感到，在建国初期如北京市能采纳梁思成先生的建议，将新城建于西山脚下，那今日的北京可以都如香山饭店那样优美了！

我们应吸取教训呀！

此致

敬礼！

钱学森

1993.4.7

图 1.7.2　钱学森致吴良镛的信件

II

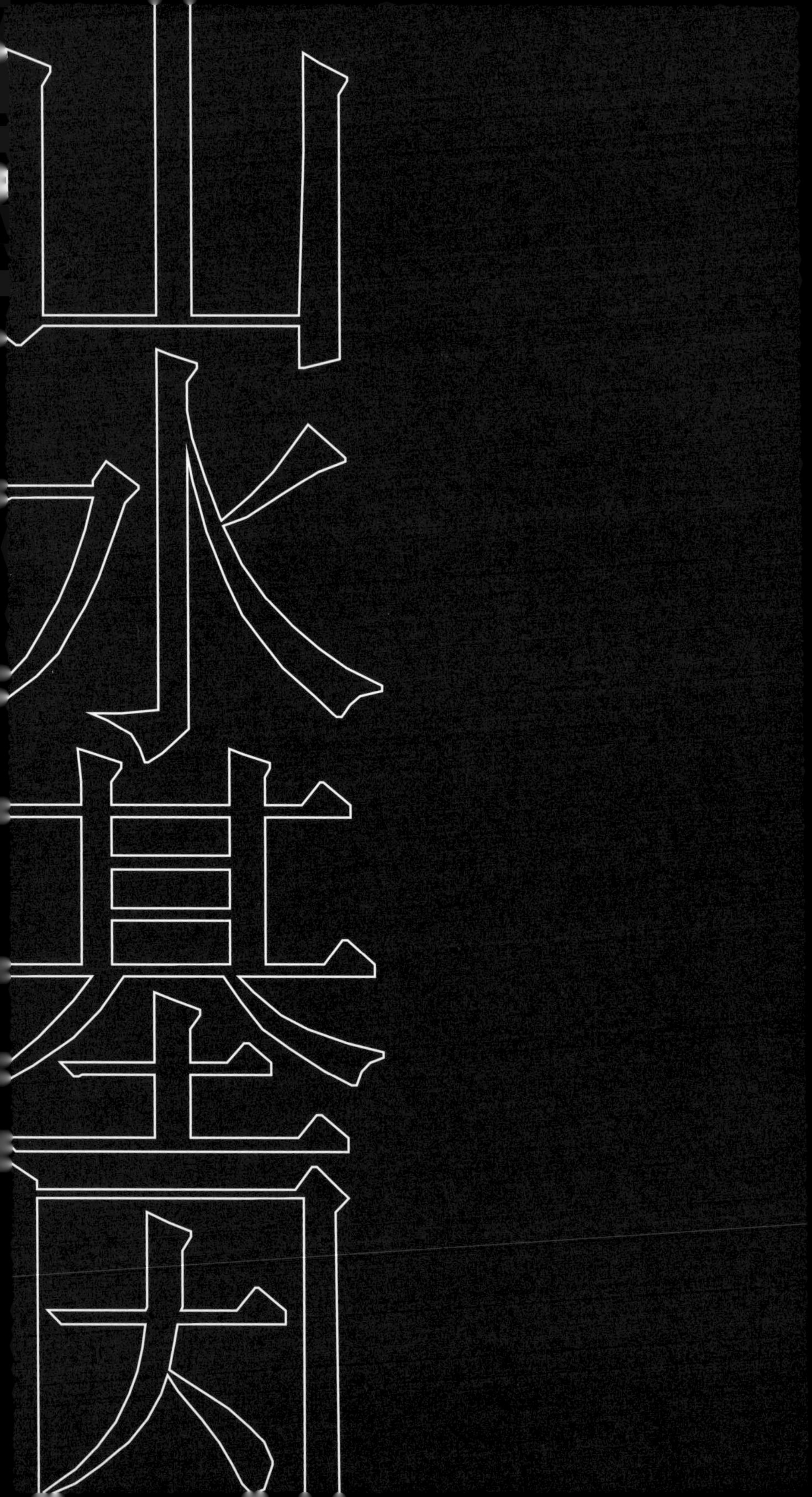
山水基因

山水基因

SHAN SHUI GENE

Ⅱ-1

一元两极

山行穷登顿，
水涉尽洄沿。
岩峭岭稠叠，
洲萦渚连绵。
白云抱幽石，
绿筱媚清涟。

南北朝　谢灵运

人类与自然的能动性关系

人类在创造生活世界（周边包围我们的环境，即 environment）时，有心的思维与物的建造两种活动在发生。这句话中的思维 / 建造 / 环境三者间的互动关系已自明了：人类从自身的意识及知识出发产生了思维活动，在特定的环境中，通过充满技术性的建造活动去改造环境。在建造过程完成后，也会总结特定的经验从而反向凝练成新的意识和知识。再者，那些被建造的环境或者原生环境还会持续激发人类产生内在意识。这就有了三个过程：人改造环境，文化反向塑造自身，周围环境影响人（图 2.1.1）。

三者总是处于动态中，互惠着彼此。尽管每个地域的文化都有着自身的独特性，但这种关系可以普适地解释每一处文明的发展。

我们可以进一步思考，在三者中，思维是什么？在建造过程中，我们又形成了哪些思维？在中国这片自然疆域中，又能演变出什么样的思维？在我看来，从一代代先辈到晚近的文化脉络，中国人总用着一元两极（bipolarity within oneness）来认知这个世界，一元两极也是中国古典形而上学和宇宙论最初形成和演化的原理。即世间都在两极的互动中生成和演变，既不会让其中一方占据绝对的控制地位，也会让某个元素单独发挥主导的作用。“一元两极”在自己形构（formation）的演变过程中，一方面指导着实践，一方面又从实践中不断地完善着自身的逻辑结构。

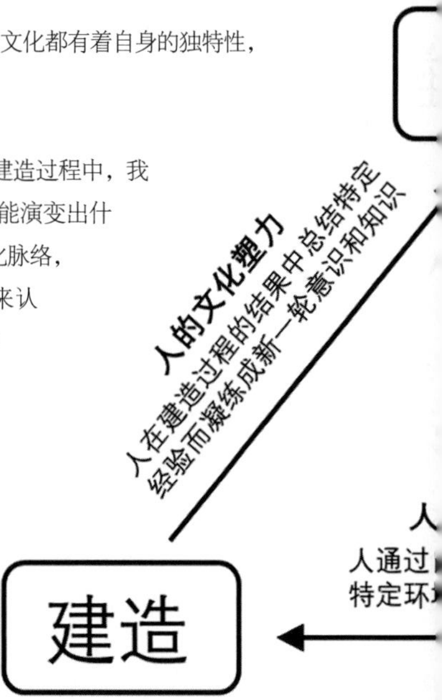

人的文化塑力

人在建造过程的结果中总结特定经验而凝练成新一轮意识和知识

建造

图 2.1.1　思维 / 建造 / 环境三者间的互动关系

三者之中的“环境”，在传统中国的意识中，大多时候指的就是“山水”。这样一来，山水就成了一元两极互动的对象，既是这种思维的载体，又是这种思维的触媒。它在广义的“风景（景观，landscape）实践”中得到了具体体现。谢灵运的山水之思开启了中国风景美学体系，这早于文艺复兴时的欧洲 1000 多年且异于欧洲。西方二元论强调主体与客体的截然分离，而在中国的“一元两极”里，山和水相互依存，这是彼此之间所构成的一种反成性关系（即每个个体都是其他个体的结果），山因由水而存在，水也因山这个他者而存在，正如“上”需要“下”，“左”需要“右”，“己”需要“人”一样。

一元两极与山水思想是同构的内在关系，因此，要想翻开山水这本书，进入这扇门，掌握山水的内在。须要充分理解和认识一元两极。然后，我们才能在具体的文化形态和艺术形式中深度把握一元两极的具体内涵。

比较文化下的视野

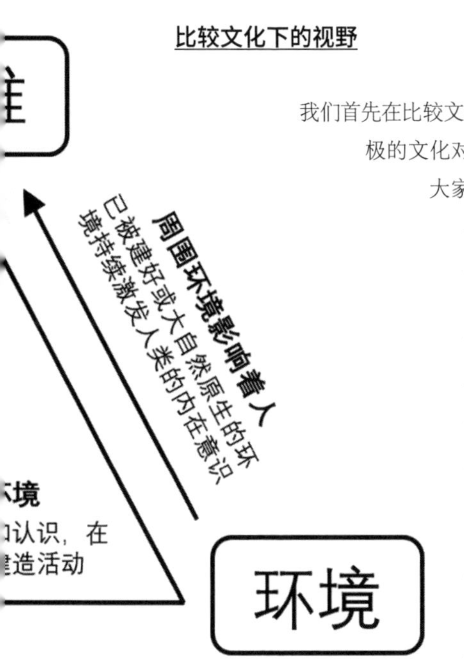

我们首先在比较文化的视阈下理解一元两极。通过简论一元两极的文化对立面将能为深入理解提供帮助。借用文化大家余英时的分析模式来看，一元两极是“内在超越”，而西方古典思想是“二元”的外在超越。二元的外在超越可以这样理解：如果说 A 是某种超越性原理（principle of transcendence），那么，B 就是它作为原理以验证的事物；B 的意义或内涵不借助于 A 就不可能获得充分的分析和说明，但反之却不成立。假如 A 是上帝，那么 B 则是世界，B（世界）的存在必须依赖于 A（上帝）这个解释性模型而存在。更关键的是，A 与 B 之间是相互保持独立的平行关系。同样，如果 A 是存在、主体、心、实在、善、知识，那么 B 对应的是非存在、客体、身、现象、恶、无知。

解释二元的外在超越，对“一元两极”会有更精准的把握。具体到“山水”上来看，山与水不是超越的关系，谁也不需要超越谁。山不需要以水作为特定的解释原理而存在，反之亦然。因此，山水思想中渗透的一元两极思维并没有严格意义上的本体论关系，这是区分山水与西方 landscape 思想的关键之一。

反成性概念

其次，一元两极的思维模式还可以用反成性概念（concept of polarity）进一步说明。具体指的是，那些重大的概念都均衡关联着，彼此都要求充分地接合。实际上，安乐哲说的反成性就是我们熟悉的中国思想，比如，在《周易·系辞》中记载的“一阴一阳之谓道”、“阴阳合德而刚柔有体，以体天地之撰，以通神明之德”。阴不会凌驾于阳之上，反之也成立。而且，黑夜总是“生成白天”，白天也总是“生成黑夜”。一元两极的思维恰好概括出了中国思想的相互内在性，也能解释中国“天人合一”的宇宙观。“天”是一极，“人”是一极，天不是上帝，人与天不是分隔于现实世界和救赎世界的，“天”与“人”能够相互融合，实现彼此的结合，即所谓的“一元”，所以天人合一。

在此借由“天人合一”的宇宙观为阐释中介，在作为思想的“山水”与作为思维模式的“一元两极”之间建立内在联系，从而直接回应开篇提到的那三个问题。中国古人建造环境的时候以模山范水为法则，且运用一元两极的思维方式，最终建造出符合天人合一的环境。若是我们能够熟练洞悉“一元二极”，那么将会对全盘理解和运用山水思想具有巨大的总纲性价值。

集中体现于“山水”中的这套“一元两极”，几乎体现在中国文化艺术各个角落中。换句话说，“山水”作为代表，凝聚在各种微观的艺术结构中。“山水”的散文和诗词、“山水”的绘画表现，“山水”的造园表现、“山水”的图案、“山水”的版画等（图 2.1.2）。毫不夸张地说，沟通起中国各种艺术的津梁就是山水。因此，接下来，我会简要从诗词、绘画和园林三个方面谈一谈，以阐明由山水切入一元两极思维的内在理论。

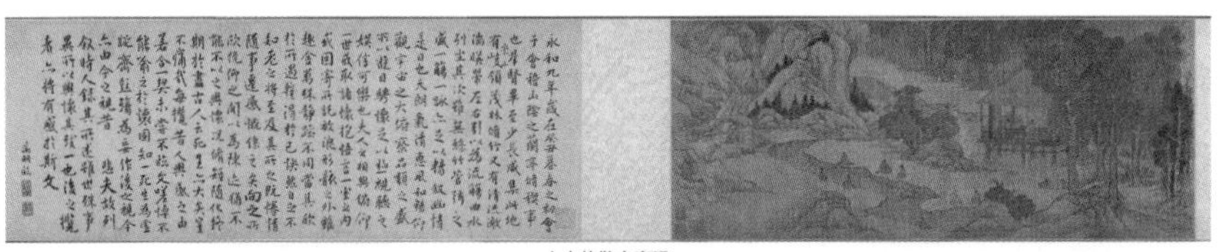

a.山水的散文表现

b.山水的版画表现

c.山水的陶瓷表现

d.山水的园林表现

图 2.1.2　山水的艺术表现

a-《冯摹兰亭序》卷，唐，冯承素摹，纸本，行书，纵 24.5 厘米、横 69.9 厘米，北京故宫博物院藏；
b- 青花人物图长方瓷板，清，康熙，长 27.2 厘米、宽 17 厘米、高 4.2 厘米，北京故宫博物院藏；
c-《画法大成》之《临郭熙卷云笔》，明，朱寿镛、朱颐厓，1615 年刊刻
d- 狮子林，苏州四大名园之一，始建于元代

山与水的合奏

一元两极首先在中国字词的习惯表达中凸显，散 / 结、分 / 合、盈 / 亏、清 / 浊、正 / 偏，山水循环和连续统一在间中显露身姿。在古汉语行文中，“山”与“水”常并列表达，“山”与“水”，一平一仄。所以最早觉醒山水审美意识的是中国的诗词歌赋，诗画园三者中，山水诗先一步成为文人雅客的手段，此后也一直占据着“先行者”的位置，渗透并延伸至绘画和园林之中，使之呈现相互交融的状态。东晋时，“山水”首次指代风景。

从谢灵运开起山水之思起，山水诗文就显著地表达出了一元而两极的属性。谢氏的对句中，以山与水为对象的占比数量极大。我们可以看到，谢灵运在其诗中，将山与水分置为了对仗的两者。其诗《过始宁墅》：“山行穷登顿，水涉尽洄沿。岩峭岭稠叠，洲萦渚连绵。白云抱幽石，绿筱媚清涟。葺宇临回江，筑观基曾巅。”诗人将对于山水的感受和书写浸润于实地山水与话语山水之间，身即山川而取之，以身体知觉的感触探索山水的深度。在一元两极的总体意识下，山与水的对仗徐徐铺开。山行与水涉，登与洄，岩与洲，稠叠与连绵。可以看见竖向与水平相对的表达，“山”与“水”的并列。

谢之后，鲍照首先生长出“天”和“地”的枝丫，再经孟浩然、王维、刘禹锡、李白、杜甫、柳宗元、白居易等众多诗人的“开枝散叶”，中国文人对于山水审美感受与表达的不断丰富，展现出不同的山水世界面貌，而诗人之间对于“山”和“水”、“天”和“地”、“风景”、“景”、“内部风景”、“庇护所”等诸多话语连续不断的分化和生发，最终成长出一株绚丽多彩的山水美感话语之树。

上至魏晋南北朝，下至唐宋元明清，自然山水成为中国诗歌中一种独立主体和元素，中国文人们从多方面探讨了自然山水的审美维度以及价值取向。“山水”之间的二元对立互补模式，呼应一元两级之架构，并逐渐成为我们理解传统中国景观学的基础，“山水”一词也被称为景观话语派生树的“根脉”。

画中山水

在宋代之后的文人眼中，诗画均为风雅技艺。山水画受到山水审美意识和山水诗的影响而获得极大发展。同山水诗一样，山水画萌芽于魏晋南北朝时期，画山水成为一种文化情感的表达方式。早期绘画中，人物画为正宗，后来在山水一元两极的宇宙观下，以山水体现“圣贤之道”或是“出世之心”，或是“隐逸之情”，这就解释了为什么中国绘画从最初山水作为人物背景的出现到独立山水画的形成，山水成为正宗。

而山水画开始真正脱离人物背景独立存在可追溯到南朝画家宗炳，其《画山水序》中对山水有了较为高深的解读："圣人含道映物，贤者澄怀味象"，其意在表达以绘画展示自然山水时应该拥有完整的主观境界，"夫圣人以神法道而贤者通，山水以形媚道而仁者乐"，"道"即对宇宙本源和万物普遍规律的认识，也就是"对立互补"、"阴阳合德"、"天人合一"的思想哲学观念，这种观念超越世俗情感，能获得一种心灵上的高度自由。圣人用自己的聪明才智总结出"道"，贤者澄清其心智领悟"具象之道"，仁者便是通过"山水"中所蕴含的"道"来获得无限的乐趣。宗炳以"澄怀观道，畅神怡身"为宗旨，通过对天地、自然的描述和欣赏，领悟老子和庄子顺应天道、与世无争的精神追求，同时将儒家"仁者乐山，智者乐水"的思想合二为一，开始将山水对立统一的物质及精神状态作为协调万物的媒介。"在泉石中间，在与简单物什的亲近之中，生命得以绽放和更新"。

正如郭熙《林泉高致》中所言："君子之所以爱夫山水者，其旨安在？……丘园，养素所常在也；泉石，啸傲所常乐也"，"山水"中存在着"真理"，绘画与现实世界并非对立关系，绘画原本就发生在自然发展过程当中，画家画的乃是一个宇宙的总体，既有空间又有时间。

北宋的《千里江山图》（图 2.1.3）是宋徽宗宫廷画家王希孟在 18 岁时所画的作品，描绘的山水景观与中国古代人的"阴阳合德"宇宙观相通，山代表"阳"，水代表"阴"，通过山水连接天、道、人，图中"背山面水、山环水抱、负阴抱阳、聚风藏气"的人居环境模式，是在传统山水哲学及人居环境智慧影响下以二维方式融入的三维表达，充分展现了"天人合一"的哲学观，追求人与自然的和谐共处。

通过审视东西方审美范式的根本差异，我们不难看出，山水画在"一元两极"框架下成为中国传统绘画正宗之基础，"一元两极"是中国绘画中"山水"风景由"背景——主体"转向过程中的内在逻辑；"山水"的内涵也得于进一步发展，"山水"观念上升到一种"山水有可行者，有可望者，有可游者，有可居者"全新认识高度。伴随着"一元两极"的宇宙观、认识观、自然观，中国传统山水画达到了一个历史新高度。传统山水画对自然之"道"的追求已超越世俗情感，并进一步借助"天人合一"的哲学观，追求"人与自然的和谐"永恒之道。

图 2.1.3 《千里江山图》卷（局部），北宋，王希孟，绢本，设色，
纵 51.5 厘米、横 1191.5 厘米，现藏于北京故宫博物院

园林的山水之道

园林是流动的诗、立体的画（图 2.1.4、图 2.1.5）。园林在建造的过程中很大程度上受传统的诗画理论影响。不过，山水之间一元两极的关系也许对园林的影响更为重要。无论是代表阴阳的叠山理水，还是象征虚实的空间对比，甚至是建筑空间与庭园空间此消彼长的韵律，无不体现古人对一元两极在园林中的理解与运用。

图 2.1.4　留园

图 2.1.5　上海豫园，始建于明代

林语堂于《吾国吾民》中提到沈复《浮生六记》中的造园。沈复对于园林中“一元两极”的思想可在书中只言片语中见微知著。“若夫园亭楼阁，套石室回廊，叠石成山栽花取势，又在大中见小，小中见大，虚中有实，实中有虚，或藏或露，或浅或深。”古人利用“一元两极”考量庭院布置，回想初到留园时的体验，其入口就是一元两极的现实筑造典范。其他园林的入口虽然也含蓄婉约，不让人们一眼望入园内，但是留园却把这种婉约发挥至尽（图 2.1.4）。在经历了空间的压抑之后，通过感觉层面的对比幻化出小中之大的空间幻觉。留园通过廊道的转折，让你一望而无尽，对空间产生无尽的顿挫，通过对现实与想象的揣摩与把玩，才塑造出这一系列饶有韵味的空间。铺展在园中的池水，将山石、花木、天空倒映其中，万物之景皆被纳入，借由其如镜面般的反射效果反而将景色变得更加灵动。园中各个元素相借相依，互相映衬对方，如此让一元两极的内核在此运转生形。

西方的风景（泛指英文 landscape、法语 paysage 和德语 Landschaft 等）以人的视觉作为主导，看的人把视线投射到大地上，把局部范围从整体疆域中切割出来，形成的那部分具体景色便可作为风景的同义词。

中国的山水显然不是这样，假如某人以一元两极的方式欣赏眼前的黄山，便不会把黄山的整体风景当成“身外之物”（即一种客体化的存在），而是沉浸其中（即情景交融），把黄山看成是很多“阴阳关系”之间的相互作用，比如，垂直与水平、高与低、厚实与流动、静止与运动等。人立于山水之间，同样也会被“卷入”这个相互对立又不断互补的大磁场，这便是一元两极的山水法则。

山之所以为山，除由自身的物理特性（比如高耸）和隐喻特性（比如兼容并包）所界定之外，还须仰仗着水的自然属性（比如柔软）和精神指涉（比如灵活）。山的存在必须依赖于水的存在：“山以水为血脉，得水而或，水以山为面，水得山而媚”，山起到骨架结构的组织作用，水起到循环流淌的贯通作用。而且，在比兴的层面，也可以看出山水互存的证据，比如说，古人会以山峰形容海浪的高低起伏，也会用海浪描述山峰的连绵不绝（石涛《海涛章第十三》）。

因此，山水本身既是一元两极的化身和象征，同时我们又以一元两极的内在意识感知山水，这便是为何一元两极能够承担起概括山水精神的纲领性概念的缘由。

Ⅱ-2

经营位置

山以水为血脉，以草木为毛发，以烟云为神彩，故山得水而活，得草木而华，得烟云而秀媚。水以山为面，以亭榭为眉目，以渔钓为精神，故水得山而媚，得亭榭而明快，得渔钓而旷落，此山水之布置也。

北宋　郭熙

六法之一

南齐画家谢赫写了《古画品录》，其中记述了“六法”：一、气韵生动；二、骨法用笔；三、应物象形；四、随类赋彩；五、经营位置；六、传移模写。后来张彦远把其中的“经营位置”认作“画之总要”，可以说是放到很重要的位置上了。

何为经营？六朝以前“经营”之意是“策划”。《诗经・大雅・灵台》一章说建筑设计应是“经之营之”，也就是从空间意识和位置观念理解空间中的位置关系。“六法”论说：“经营，位置是也”，经营与位置意思互通。“经营”是使画面达到“气韵生动”的沟通纽带。东晋顾恺之把“经营位置”阐释成“置陈布势”，主要论述的是画面排布的基本章法，用现代学科的术语来说，“置陈布势”与构图学的相关知识有密切联系。

抛开绘画来看，其实“经营位置”还在园林与城市、村落中发挥重要作用。所谓“选址”与“卜居”之谈，其实就是在现实中对建筑、景观、水系的经营。由此可见“经营位置”在中国传统中的地位。

而对于这本书的主题，有几个相关问题也许值得提出来讨论一下：山水中，“经营位置”是如何发挥作用的呢？它们之间有什么关系？又或者说，“经营位置”是否从山水思想中汲取过什么？反过来，“经营位置”的原则又是否能直接有效地指导山水世界的建造？这些答案我们在山水画、山水园林、山水城市等山水文化类型中能找到回应。

魏晋南北朝的文人雅士欲挣脱礼教束缚，竹林七贤带着不羁走入了深山老林，把身心交给自然，把灵魂也交给山水。自那之后，山水、绘画、风景、园林之间就建立起了深入的交流，这套文化叙事对中国的艺术模式产生了深远的影响。园林与以山水为主题的艺术类型之间的关系变得密切，古典园林当中的“经营位置”与山水画中的“经营位置”在理念上高度重合，“以画入园、因画成景”。绘画、园林、城市，中国人的营造智慧始终保持一致性，因此，“经营位置”的理念也被古人带到了山水人居环境的总体规划上，主要包括山水城市和传统村落的谋篇布局。构图、构园、构境分别在微观、中观与宏观的层面上。

图构

在绘画这个领域中，西方说构图，而我们中国说是“经营位置”，构图与画意结合影响了绘画作品的品格。古今每位绘画大师都精于“经营位置”，讲究绘画中“章法”和“布局”，强调画面中的物象位置关系，将画面中的元素合理地进行安排布置和取舍，同时注重 “在场性”的体验，也即常说的“游”的体验。中国山水画不局限于固定的视点，将不同时间和空间中的各种场景表现在尺幅之内，形成动观的观看方式（图 2.2.1），视野更为广阔，构图更加灵活。由于没有固定的观察位置，移一步成一景。因此，位置经营让平平无奇中也诞生了神游灵动的可能。

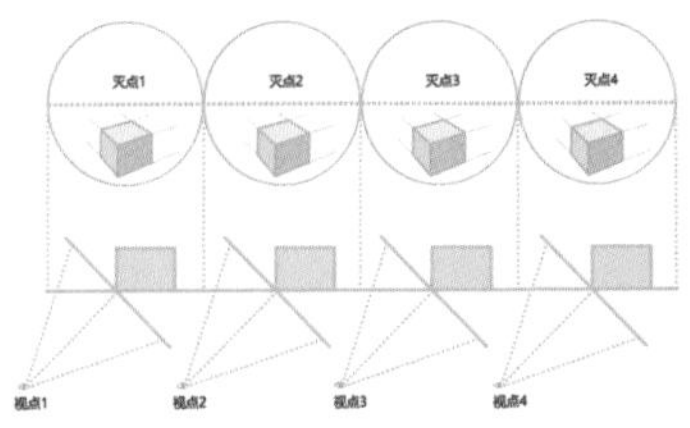

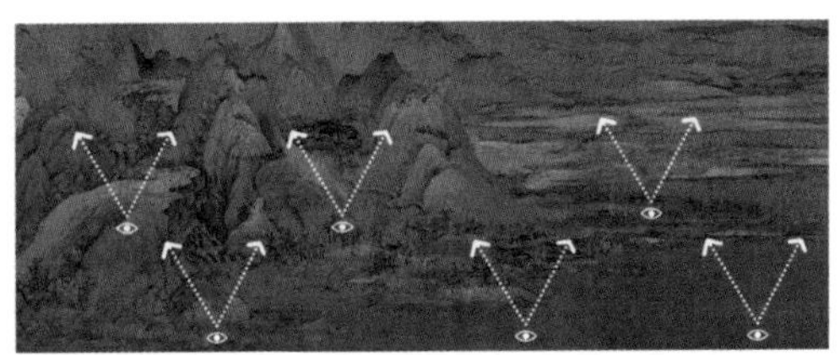

图 2.2.1 《千里江山图》局部，北宋，王希孟，散点透视形成的动观方式

绘画讲究虚实相生、藏与漏以及空间起承转合的节奏感、动态感、韵律感，从而达到 “以大观小”、“布景得天真”、“开合呼应”这样和谐灵动、富有美感的画面，下面主要从绘画的虚实相生、造势两个方面探讨绘画中的“经营位置”。

潘天寿说中国绘画“无虚不能显实，无实不能存虚，无疏不能成密，无密不能见疏。是以虚实相生，疏密相用，绘事乃成”，其中“虚实相生”是中国绘画中的重要法门，虚实的处理又特别灵活，也可以理解为矛盾的对立，如浓为实、淡为虚、密为实、疏为虚、近为实、远为虚、多为实、少为虚、黑为实、白为虚、露为实、藏为虚等。虚实结合在突出“意”与“象”关系的同时，又表达了一种含蓄美，不显、不露却又使实境得到无限的延伸，有一种此时无声胜有声的艺术境界。

“留白”这个术语现在大家经常使用，实则是在“虚实相生”的哲学观念下和中国传统绘画的物质基础上诞生出来的重要手段。“留白”不是空白，不表示什么都没有，反而将画面进行了延伸，有无穷之意，给观者提供无限的想象。清代华琳的《南宗抉秘》中对画面留白有比较深刻的解释："白，即是纸素之白，凡山石之阳面处，石坡之平面处，及画外之水天空阔处，云物空明处，山足之杳冥处，树头之虚灵处，以之作天作水，作烟断，作云断，作道路，作日光，皆是此白。夫此白本笔墨所不及，能令为画中之白，并非纸素之白，乃为有情，否则，画无生趣矣"。由此可以看出画面留白对于表达山水画意境有很大关系，通过画面留白产生虚实对比、颜色对比，以使主景次景更加分明，画面更具形式感、视觉冲击力更为强烈。

造势

由于传统媒介的特性，中国绘画的载体各式各样，扇面、屏风、横轴等，可长可短、可方可圆，不受时空或者视角的限制。经营位置给传统绘画带来的不是规律性的构图模式，而是一种"势"。曲折有致、连续、起伏、延伸，"势"在其中顿显。

律动、交叉、起承转合、开合呼应。这些结合造势合理安排画面重心，主次分明，与此同时讲究抑扬顿挫、缭绕婉转的线条，给画面增添生机。董其昌《婉娈草堂图》中就可以分辨出非常明显的"S"形律动，同时期的唐寅《春游女几山图》中三线交叉，稳重又灵活。

构园

"以画入园、因画成景"，明朝撰写《园冶》的计成，既是造园家亦是画家。从园林与绘画的发展史来看，画园间是相互渗透与发展的。绘画与园林之间在"意"上有互文性，二者之间虽体系不同，目标与理想却高度重叠。绘画是二维空间通过"卧游"的方式融入动态三维体验，园林则是立体的山水画，人可以实地探访"山水"之精妙。绘画中的"经营位置"对应到园林中即为园林的空间布局法则，绘画是构图，园林则是构园。

我们类比绘画，可以简要理解江南私家园林中的"经营位置"，分别是"以小见大"、"曲折有致"、"虚实相生"这几个主要的布局法则。

"以小见大"在绘画中是常用的理法，这与"搜天下万物于咫尺之间"、创造"以小见大"的园林环境有着异曲同工之妙。也即为园林中的"多方圣景，咫尺山林"，对应到绘画中可以理解为"咫尺之图，写之千里"。

图 2.2.2　环秀山庄

在私家园林的空间布局中，通常利用主园、次园之间的空间组合关系以及穿插来组织和扩展体验，注重主次分明及开与合，利用建筑、回廊、廊桥、植物、假山等分隔空间，引导视线。同时，为了实现“一拳代山，一勺代水”这种实景下的移情。在一个不大的空间内创造了河、湖、藻、溪、涧、瀑、泉等多种自然中水体的形态。叠石高低错落、变化多端，池尽山起（图 2.2.2）。

钱泳在《履园丛话》中说，作园如作诗文，必使曲折有法，前后呼应。这与绘画中“置陈布势”的美学原则如出一辙。私家园林中的“曲折有致”主要体现在婉转流动的空间序列以及曲折迂回、登高爬低、步移景异的时间及空间的动态游观体验上。“迂回曲折”在绘画中我们可以理解为二维空间画面的起承转合。

中国绘画中的动态视点即前文中提到的散点透视。对古典园林中的连续风景布局有重要影响，江南私家园林中每一处景点都经过精心考究，利用不同的路径形式串联起来，园林中既有静态的景亦有动态的景。这些景遵画理、循画意，游人可通过自身位置的转变形成不同的观察视角，从而获得不同的感官体验。而要创造这种丰富的游观体验，获得步移景异的效果，空间的婉转迂回、曲折有致极为重要。通常利用道路及植被花草来营造曲径通幽的意境，用对景、障景等手法塑造山池，同时利用亭、台、廊、阁等建筑物的安放实现“曲折有致”。

“虚中有实，实中有虚”在绘画里是多与少、黑与白，而对应到园林中则是空间及景物的主从分明、张弛有度。“或藏或露，或深或浅”在绘画中可以是墨色深浅，在园林中则可以是障景漏景、疏繁密简。

这样看，园林中的“虚实”可以理解为一种相对矛盾的对立互补，若在整个园林中，建筑物、假山、植物等为实，光线、倒影、声景、雾气、香味等则为虚；若假山中的实体凸起的山峰、山峦为实，山体中的山洞、沟壑则为虚；若建筑为实，其围合的内部空间则为虚；若山为实，水则为虚；若眼前的实景为实，其后面通过障景、漏景等形成的无限遐想空间则为虚。当“虚实”与山水“意境”相结合时，即可创造出香远益清、柳浪闻莺、雨打芭蕉等诗情画意的唯美感受。

构境

山水画、私家园林中的“经营”意识总体讲的是一种章法，即谋篇布局，可以理解为微观和中观层面的表达。而宏观层面的中国传统人居环境——城市和村落的“经营”，无不与山水中的“经营”意识密切相关。中国自古就有“相地”的传统理念，包含对地理、气候、水文、方位等多维角度的经营和设想，用现代的话语解释是一种场景的总体规划意识，中国传统的山水人居环境正是受到这种规划意识，包括古代风水学说、地理气候以及社会因素等的影响，表达出一种宏观层面的“经营位置”。

风水学说是古代文化的重要组成部分，是一种文化现象。其中存在的迷信、巫术等问题是显而易见的，理应摒弃。然而，总结的人居环境观念，包括人与自然和谐共生的生态性、合理的环境容量、和谐的景观审美及传承文脉经营等却仍然值得我们进行深入解答、完善和发展。

古代风水学的“经营”意识主要体现在聚落、城市选址上，在长期的发展中形成了“负阴抱阳”、“背山面水”、“聚风藏气”的选址原则，这个原则整体上形成了山—水—聚居地这样一种模式。这个聚居地可以是乡村，也可以是城市。风水学中好的“经营位置”即整体规划意象模式为：左青龙、右白虎、前朱雀、后玄武，也即枕山、环山、面屏，这是一种山环水抱、聚风藏气的理想模式（图 2.2.3）。

图 2.2.3　理想风水格局

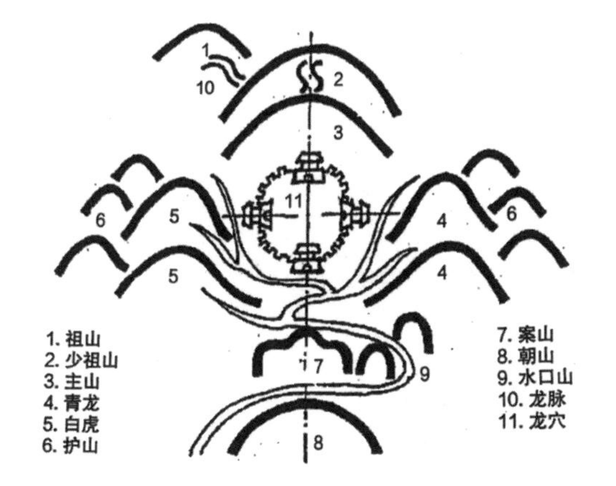

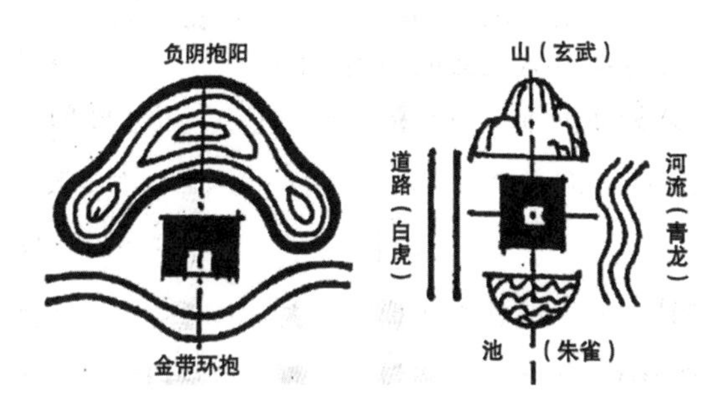

1. 传统村落中的“经营位置”

中国地处北半球，大部分地区是季风性气候，冬夏温差较大，“负阴抱阳”、“背山面水”、“聚风藏气”的选址模式可帮助人们获取更多生命所需要的阳光，“背山”能挡住冬季北风带来的低温，夏季又能享受背后林间带来的清凉气流，同时还可以获取从山间流下的水源。中国的传统聚落选址基本上就是遵循这个原则。

宏村就是一个典型。选址结合山形走势，以雷岗山为龙脉，黄山作为主山，村落朝向坐东北向西南，处背山面水之势，前方有自然河流通过，于是引水建渠，挖凿了月沼、水圳、南湖等人工水系，满足居民日常生活需求及农田灌溉。同时强化景观布局，将重要建筑布置在方位较好的位置上。水口位于村落入口处，作为空间的重要构成要素，同时修桥铺路，水圳则沿着巷子汇入村落的中心——月沼，整个聚落都被水系穿插环绕（图 2.2.4）。

图 2.2.4 宏村山环水抱人居环境

2. 古代山水城市中的“经营位置”

“山水城市”思想最早萌发于钱学森的阐述，是他对城市建筑科学的思考以及对未来人居环境的展望。其实“山水城市”思想在中国古代就已经存在了，只是历史上缺乏一套完整的论述。中国人关于“山水”和“城市”可以追溯到先秦两汉。秦朝“象天法地”的帝王之都咸阳、后来南宋的临安城、明清北京西山的三山五园等都是中国古代“山水城市”的范本。

南宋时期皇城选址颇为讲究，并没有选在西湖旁边，而是选在南临钱塘江的凤凰山上。凤凰山的东南坡在风水上是一个吉位，背靠山，前有江河流过，呈山环水抱之势，是理想的居住地。从视线上来说，站在皇城上远眺可以观赏到钱塘江人海的景观，从山顶往北看可以领略西湖山水风光以及市井街巷生活场景。

京杭大运河连通钱塘江，杭州城就有了水陆交通之便。唐代白居易及北宋苏东坡在杭州为官时又大力整治西湖，沟通南北交通。临安城巧借“武林”（灵隐、天竺群山）、“胥山”（吴山）以及钱塘江等名山名水。从南宋开始，杭州城的城市格局一直沿用至今，杭州城将自然山水骨架与城市形态进行了充分融合，使其成为我国极佳的古代山水城市范例。

宗炳画论云：“今张绡素以远映，则昆阆之形，可围于方寸之内，竖画三寸，当千仞之高，横墨数尺，体百里之迥”，这说明古代文人能将不同时间、空间、物质组合在一起，虽然画作的尺幅有限（园林的边界也是有限的），但是画面背后的宇宙观却是无限的。因此，从山水画、山水园林和山水城市的建造经验而言，经营位置绝不只是操作层面上，它们背后渗透着万物和人建立一种相对“衡定”的空间尺度。大到宇宙的生成，小到造景形成的空间，在人的精神情感以及思想范畴内建立物与物之间“位置”聚集或分布，这便是山水文化基因的重要表达性载体。

“经营位置”源于谢赫六法论，不过在当今的景观设计中，拟定园林的布局、阵势，结合其他学科的经营，也许才能统合出适宜的景观。

Ⅱ-3

烟云锁腰

六法中第一气韵生动，有气韵则有生动矣。气韵或在境中，亦或在境外，取之于四时寒暑晴雨晦明，非徒积墨夜。

明　顾凝远

烟云的本体组成

“烟云”这个词汇现在不太常用，但和山水有着深度的关联。在本书中，烟云具有狭义、广义和隐喻三个层面的涵义：狭义指的是实体的烟气和云雾，可以是清晨的雾气或是天空中的飘云。广义的烟云指的是“六气”，根据《左传》中的记载，天有六气，曰阴、阳、风、雨、晦、明也。这里的烟云就泛指各种天气的状况，它们与山水的呈现有密切的互动。最后是隐喻层面上的烟云，指的是中国传统宇宙观意义上的“气”（炁）——一种带有形而上学意义的神秘之物。

进一步来谈烟云锁腰，在中国山水画论中，这个词汇是用来描述风景意象的。飘渺的烟云缠绕着山和河，两者共同构成山水视界的理想之态。

结合前面所论述的三个维度的烟云内涵，实际上烟云锁腰在不同层面上与山水有着特定的密切关联。概括地说，烟云既是山水的组成元素（在“Ⅲ创造性转化”中将详细论述烟云的氤氲之气与当代景观营造的互补联系），也是提升山水品质的关键氛围，同时还是山水想实现的诗意目标。所以，这里将分层次地描述山水与烟云之间的潜藏关联，为寻找中国传统山水的文化基因提供基础。

气

从词源学的角度来看，气的起源似乎是个谜团，因为在甲骨文和铭文上尚未找到相对应的书写符号。不过在漫长的文明积累中，中国人逐渐形成对“气”（炁）的理解。

首先，人类维系生命靠的是一呼一吸的节奏，因此，气与生命和活力直接相关。其次，气还是唯一的真理，宇宙的运转、创造与毁灭即建立在元气的基础上，此时气具有本体论的涵义。最后，气似乎在虚与实之间，它既可以有固定形式，但有时又超出感官。有时候，我们能够看见甚至触摸到气（比如烟雾），有时候却只能在精神层面上模糊地感知（比如能量流）。

战国时期，中国古人把“气”与“阴阳”联系在一起，具体说来，阴和阳开始被中国人看作万事万物的两种状态。阳是气的向上运动、敞开和延展，阴则是气的静谧、回缩。阴阳两者通过互补的方式处于持续的生成与演化之中，生生不息，世界的多元即体现于此。我们熟悉的“道生一，一生二，二生三，三生万物”，那个“二”是从“道的联合体”中生成的，这个联合体就源自元气之阴阳的整体。

在“Ⅱ-1 一元两级”中，我们已经讨论过山水的底色其实依赖于阴阳。当山水以自身实存（reality）立于天地之间时，山对应的是阳（处于外移状态的），水代表的是阴（处于凝结状态的），两者彼此缠绕，稳定。它们两者在一直流转，相持相长。山水本身譬喻成阴阳之气，山水能幻化成气的同义词，山水中又蕴含着烟云之气，这样看来山水、阴阳、气（烟云）其实都通向同一个文化宇宙，共享一套基因。

谈山水，不可避免要谈气。首先，山水的元素组成与气（烟云）有关；其次，山水正好与阴阳相契合；最后，山水的归宿就是达到气（生命、活力和境界）的含蕴。山水在阴阳模式中幻化成气，而烟云又是隐喻意义上的气，山水想构成自身完整的形式和内涵须依仗烟云（图 2.3.1）。因此，烟云之于山水，不是可有可无的关系，而是必然存在的，这也是为什么烟云锁腰作为山水基因必须要讨论的原因。

图 2.3.1 《山水图》扇页，明，蒋嵩，
金笺，墨笔，纵 18.2 厘米、横 50 厘米，现藏于北京故宫博物院

西方风景画关照下的山水之气

为了更好地说明烟云与山水的关系，我们把目光先聚焦到绘画中。在开始讨论中国山水画与烟云之前，我们先来看看西方的绘画。

19 世纪英国著名的画家和诗人拉金斯说："现代景观的描绘即是关于云的使用。"此句中隐含了风景与烟云的关系。在西方的绘画史中，有一批"云派"画家，从文艺复兴时期的科雷乔（Le Correge）绘制帕尔马（Parme）修道院的穹顶壁画开始，到特纳（J. Turner）的气态风景画，再到惠斯勒（Whistler）的名作《夜景》，一直都把云当作绘画的核心要素。在西方的文化史中，烟云之气也占据着崇高的地位，比如说，法国先锋戏剧家阿尔托（Antonin Artaud）在作品《天使的戏剧》中说道："我要靠一种气的象形文字找回神圣的观念"。

如果说西方风景画中的云只起到画面透视的结构性作用或者某种浪漫情感的表达。那么中国山水画的云则具备更加实际的功能："云乃天地之大文章，为山川被锦绣。疾若奔马，撞石有声：云之气势如是！大凡古人画云秘法有二：以山水之千岩万壑想凑太忙处，乃以云闲之苍翠插天，倏而白练横拖，层层锁断，上岭云开，髻青再露，如文字所谓忙里偷闲，及使阅者目迷五色，一以山水之一丘一壑着意太闲处，乃以云忙之水尽山山穷，层次斯起，陡如大海，幻做层峦，如文家所谓引诗请客，以增文势。余画山水诸法，而殿之以云者，亦以古人谓云乃山川之总，亦以见虚无浩渺中，藏有无限山皴水法。故山曰'云山'，水曰'云水'"。《芥子园画谱》中的这段话准确且全面地描绘了中国画中云之于山水的功能。

在画面布局过于浓密的地方，云为舒展之使，通过云层的铺设，能够把画面的色调变淡变浅，这便是所谓在急促中寻求静谧。相反，若是画面中有太多的虚空，引入作为具有动态效果的云，那么画面中就能有上述"引诗请客，以增文势"的效果。云在山水之间确实有一种互文性的变换作用，同时这个互文性的概念还能有接近物质层面的涵义。山水之间相互交换，云便是这种往复过程的直接性符号和结果。

清代大涤子和尚不仅进一步论述了烟云与山水画的内在关联，而且还批判了以机械方式布置山、水、云与景的画法。因为在画面上的山景与画面下的水景之间"硬塞进去"一片云并不能真正表达山水之间（也就是天地之间、上下之间、阴阳之间）的本有涵义。云应当以"柔性的、无缝切入的"方式沟通画面上下两个部分。山川的风雨晦明之气象、疏密深远之约径、纵横吞吐之节奏、阴阳浓淡之凝神、山水聚散之连属、蹲跳向背之行藏……这些都是山水画所追求的，云彩以及飘渺流动的水系在这里起到了决定性作用。它们在聚散之间，承担了纽带的作用，山与水以烟云（气）罩住了整个风景，从而赋予风景以活力和生机。

蒙养与活力

山水有了活力后又将如何？营造山水之境，或者说，游居在山水的人当如何？董其昌的《画禅室随笔》给出一个解释："黄大痴九十而貌如童颜。米友仁八十余神明不衰，无疾而逝。盖画中烟云供养也"。董其昌觉得从烟云之气中流出的活力是为了蒙养性情，在这里，人类性情能够在山水的烟云之气中获得滋养，即养生。

只要把法国古典主义的几何园林与中国园林比较，就能看出山水究竟如何实现"养生"的。法国古典园林的建造逻辑是：全知全能的太阳王站在园林的上空，以控制性的视觉统摄全园的结构和空间，因此，勒诺特的园林首先是"看的"，权力意志转化成了几何秩序，然后再投射到自然和土地上。这种园林显然是有强迫意味的，它与外部的自然风景分处于两套逻辑当中，前者抽象，而后者具体且有机。

借用法国汉学家斯坦因（Rolf Alfred Stein）论述中国园林的观点来看，中国园林没有尝试引进某种理性的超越秩序，而是采用内在丰富的两极化来凝聚山水的基本形态和精神，把园林空间移天缩地于"一个具有象征意义的微型世界中"，从一极"游"到另一极（或者说，游于两极之间），而我们就在这个微缩的园林场域当中重启养生的动力。既然中国园林内在循环而生生不息，变化无穷，它就在自我构成和组成之间持续呼吸。脱离呆板无"生"气的僵硬秩序，让人与园林共同呼吸，从而维护某种生的持续，实现人与山水之间的养生关联。

说到"生"，实际上，烟云（气）之于山水的价值便与此密切相关，这里仍旧以绘画领域作一简要说明。众所周知，中国山水画主"韵"，看画首先看这幅画是否有韵致，无韵则无味，线条干湿、浓淡，有波有折，有首有尾，都是为了表现其"韵"。那什么是韵？根据明代唐志契《绘事微言》可知，韵是笔气、墨气、色气所形成的画面上的气势、气度、气机所给人的总体感受。"韵"在魏晋南北朝时指的是人的神态、体态和气质，随后又指笔墨和人的主观情绪的映射，到明清时期董其昌所推崇的南宗媚柔风之后，韵又转变为一种由笔墨传递出来的阴柔、宛丽、清润的艺术感受，具有清、雅、淡、远的境界。

气韵

但“韵”还不能单独作为山水画神品的唯一判断标准，往往韵和气要同步出现。在中国传统的画论中（比如唐代的《绘画发微》），气与韵有机统一，两者不仅不能分开，而且气是特别重要的部分。所谓“以气取韵”强调的便是既有气亦有韵，无气则呆板凝滞。古有论画者方熏曾经云：“气韵生动为第一要义，然必以气为主，气盛则纵横挥洒，机无滞碍，其间韵自生动矣。”真正的“气”必然显示出韵，而成功的韵也必有气作为基础，所以我们在谢赫六法中可以看到两者合一的词汇“气韵”。有气亦有韵，才能让山水画具备生动的活力。

中国山水画的美学标准依赖于“气韵”，这个标准的设定主要依据山水画的目的是要深谙山水的精神，换句话说，中国文人试图通过山水画而“达道”，山水以形媚道。那么，道是怎么来的呢？还是要回到《老子》中阐述的那个文化基底上来：道生一（气），一生二（阴和阳），二生三，三生万物（阴阳合之为三、生万物）。万物负阴而抱阳，冲气以为和。山水画之道就体现在气韵中，正如上文所述，气是线条，是笔；韵是渲染，是墨，两者相生相伴。

所以，山水画与中国人眼中的天道联系就需要“气/韵之笔/墨”。不仅古代如此，近代的傅抱石、黄宾虹、齐白石和潘天寿等人的绘画都突出一个“气韵生动”的特点，但最奇妙的一点是，山水画中注重的气韵又与“一元两极”挂上钩了（图 2.3.2）。这说明山水与阴阳、山水画与笔墨又分享着共同的文化基因。所以，我们也可以说，山水会因气韵而具备自身的活力，换句话说，山水维系活力必须依赖气韵的持续流通。

在《广雅·释官》中有云：“风，气也”，《颜氏家训·文章》云：“文章当以……气调为筋骨”，《宋书·谢灵运传》云：“以气质为体”，等等。气的内涵如此丰富，既指向一个人强健的骨骼形成的清刚形体，亦可以指山水之形所渗透的精神、性格和情调。隐藏在中国园林中一个重要功能（诗情画意的游览）之下的秘密是：文人园林在自己的领域内能够恢复、更新、循环自身的气。中国园林坚定地拒绝笔直且宽阔的大道，只钟情能够让人们凌波微步于其间的步径。在园中闲庭信步、放姿起舞。包含着山水骨架的总体园林，如一条蜿蜒盘桓的巨龙展开，延伸，变化无穷：虚实、曲直、软硬、假山与植物、竖立与延伸、阴暗与明亮……大家会发现，我们又一次回到了那个熟悉的语境。其实，园林、风景与山水在很大程度上互为表里。

图 2.3.2　气韵的媒介特质

Ⅱ-4

澄怀味象

夫以应目会心为理者，类之成巧，则目亦同应，心亦俱会。

南朝宋　宗炳

宗炳的世界

圣人含道映物，贤者澄怀味象。“澄怀”涤除俗念，超越功利。“味象”，体味品味审美对象的内在生命精神。万象在旁，掉臂游行，超脱自在，人类的这种高级精神活动，需要一个最自由、充沛的自我，同时也需要活动的空间。

一方山水，一方吟咏，在宗炳生活的魏晋南北朝时代，寄情山水和崇尚隐逸成为社会风尚，“澄怀味象”一词也在此时出现。士人们游历山水在外，15 世纪初徐霞客的《游名山记》可见证其游历名川之踪迹。谢灵运书写山水也是始于游历实地山水，以身体与山河谷涧、崇峦叠翠亲密接触，再转化到话语山水之中。

在谢灵运与宗炳生活的魏晋时期，山水诗、山水画以及山水园林相继出现。宗炳年轻时游历山水，走出围墙，走到山水中，老了出行不便改为在家里画画，看山水画，这也是“卧游”山水的来历，即足不出户，通过“观”的方式体验山水空间美感。

卧游在山水画中与游赏含“山水之道”的园林，也能澄怀味象。除了意识形态、文化的影响外，建筑构造、筑山理水的技艺提升，观赏植物栽培也很普遍。这些因素进一步加快了山水园林的发展，园林与山水的关系在一个小尺度内建立起来。出现了追求天然野趣的宅园、游憩园、乡野别墅，以及以芳林苑和华林园为代表的皇家园林。此外还有大量寺观园林出现，包括毗邻寺观单独设置的园林、寺院内部庭院园林、郊野地带寺观外围的园林绿化等。此后直至明清时期，山水园林蓬勃发展。山水园林的出现，将“游”推向了一个高潮。

游于山水

李白说：“我携一尊酒，独上江祖石。自从天地开，更长几千尺。举杯向天笑，天回日西照。永愿坐此石，长垂严陵钓……”诗人独坐巨石上，遥见天地之间，恍然中冒出它们尺度之差的疑问，目睹这番悠然，宁愿在此长久驻留以独享这番天地的静谧。“轻舟去何疾，已到云林境。起坐鱼鸟间，动摇山水影。岩中响百合，溪里言弥静。无事令人幽，停桡向余景。”的诗句，描述了世间万物天朗气清的景象，鱼鸟间、山水影、岩中与溪里，组成了一个景色清辉、静享余景的场域，可以看出诗人在山水之中坐、爬、望、思等“游”之境。

游历是指在游的过程中经历，从一个地方到另一个遥远的地方，侧重在行走之间知识的传播与心灵的感悟，更注重过程而非享受。“驾言出游，以写我优”，君子在山水中抒发林泉之志，在诗化自然中寄情山水（图 2.4.1）。

图 2.4.1 《窠石平远图》，北宋，郭熙，绢本设色，横 167.7 厘米、纵 120.8 厘米，现藏于北京故宫博物院

游历作为人类与生俱来的社会活动，对人类的生存、生产和生活至关重要，对人类关于外部世界的各种知识的获取与传播居功至伟。游历不仅满足了人类的生存和发展需要，也是人类获得科学知识、进行审美活动、形成哲学思想的源泉之一（图 2.4.2）。可以这么认为，在近现代实验室方法出现之前，游历实际上形成了人类知识获取的最主要的观察、实验和探索平台。

图 2.4.2　游，凤凰文投山水尚境

同样是“游”，游赏和游历不同，一种闲适，主宰性的意味在这个“赏”字之中顿显，我们说游赏园林，却不说游历园林，因为游赏园林是游历山水后的体验浓缩而成的。

江南私家园林在私家园林中最为经典。过去的文人、官僚、富商俗事多，不想车马劳顿，不便远出游历山水；为了在享受林泉之乐的同时不脱离城市便捷的物质生活，建造私园游赏亦能澄怀味象。以苏州园林为例，园路的游赏路线一般有两种：一种是沿着水系山石对应的走廊、房屋以及道路，如拙政园中从中部住宅区进到远香堂，沿走廊到小沧浪和玉兰堂再到卅六鸳鸯馆，沿廊环绕园子一周，这是观赏的主要路线；另一种则是登山越水、过桥梁、洞壑再与主行道接上，如从梧竹幽居过小桥登山到待霜亭，下山过桥到雪香云蔚亭再到荷风四面亭与主线接上。随着观赏路线的展开，或登高上楼上山，或过桥越涧，可俯瞰、可远眺，视线或开阔明朗，或曲折迂回，景色变化多端，趣味十足。

明清“三山五园”之一的颐和园，坐落于北京西山脚下，由乾隆的经典话语“平地起蓬瀛，城市而林壑”足以看出“居城市而有山林之乐”，游园林便是在游山水。颐和园没有重复以往在水面建三山的明显做法，创造了一种新的“一池三山”模式（图 2.4.3），建长堤将一个大水面分成三个部分，每个湖面各设一个小岛，使整个园子既有北方宏阔的气势，又不失江南的婉约，人行走其间如在画中游，各式亭台楼阁、廊桥轩榭与山水相互映衬，既有江南园林建筑的别致精巧，又有皇族宫室的富丽恢弘。

而卧游兼有游历与游赏两个层面的体验，也可以说是两段体验的复合，这种体验是经由山水画建立的。足不出户便能游历世间山水，同时又有着游赏的闲适。卧游的澄怀观象，高度凝结在画中。宗炳认为绘画的目标就是寻求“神”、“理”、“道”的相通，其《画山水序》中提到：“圣贤暎于绝代，万趣融其神思。余复何为哉？畅神而已”，画家晚年身体不便，足不出户，将笔墨诗心托于山水，静观万物，在咫尺之间身心兼得其所而畅神。

这种观点影响了中国古代山水诗画的审美机制，将以山水所代表的身体或精神层面上的活动作为主要的创作题材。山水画中，为了追求在有限的画面中容下无限的山水景象，“平远”、“深远”、“高远”的三远法将自然中的远近纵横皆纳入画卷之中，画中的景象借由视觉与心象的传达与转换，让人出神而游于其中，使得咫尺画布拥有无限驰骋空间。

“游”，不论是“游赏”、“游历”、“卧游”，其本质讲究的是体验，是一种寄情于山水、比德于山水的审美追求。

图 2.4.3　颐和园平面图

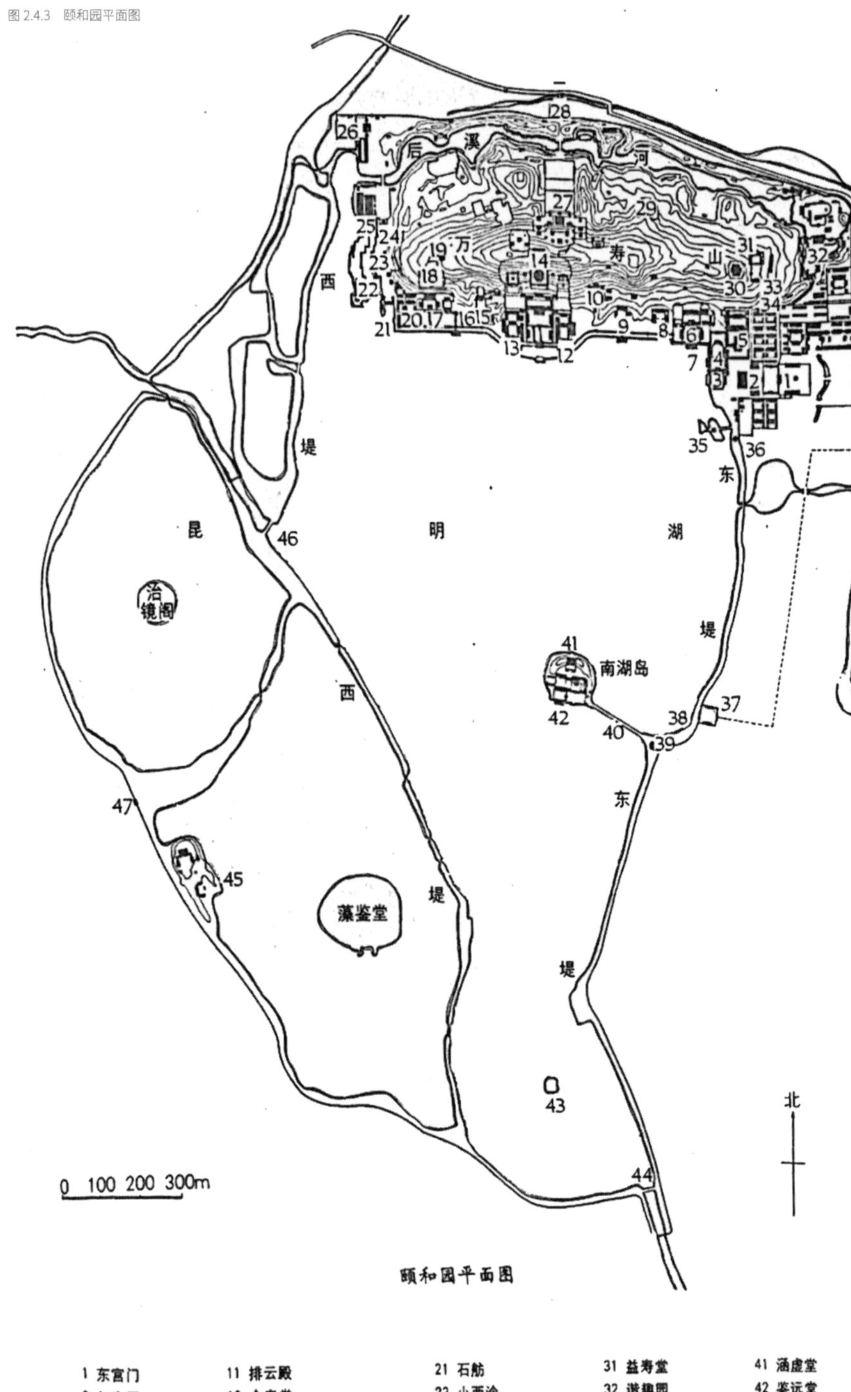

1　东宫门	11　排云殿	21　石舫	31　益寿堂	41　涵虚堂
2　仁寿殿	12　介寿堂	22　小西泠	32　谐趣园	42　鉴远堂
3　玉澜堂	13　清华轩	23　延清赏	33　赤城霞起	43　凤凰墩
4　宜芸馆	14　佛香阁	24　贝阙	34　东八所	44　绣绮桥
5　德和园	15　云松巢	25　大船坞	35　知春亭	45　畅观堂
6　乐寿堂	16　山色湖光共一楼	26　西北门	36　文昌阁	46　玉带桥
7　水木自亲	17　听鹂馆	27　须弥灵境	37　新宫门	47　西宫门
8　养云轩	18　画中游	28　北宫门	38　铜牛	
9　无尽意轩	19　湖山真意	29　花承阁	39　廓如亭	
10　写秋轩	20　石丈亭	30　景福阁	40　十七孔长桥	

游的多重体验

中国传统农耕文明中，对待自然和人的关系存在一种内向封闭性，“天人合一”成为文人士大夫的“意识共识”。基督教文化以人为中心，绘画采用焦点透视，大体呈现“森林边缘”式的构图，而中国绘画以一种“游”的状态行走于自然山水之中，以俯观的方式观照世界，因而视点是在不断游走的。这就是中国传统山水画展现大山大水的散点透视。高远者明了，深远者细碎，平远者冲澹。明了者不短，细碎者不长，冲澹者不大，此三远也。观者不被眼前的山水物质形态所禁锢，将“心灵视角”拉向远方，感受山水缥缈、平旷、溟漠的意象。

中国山水艺术是以意向为主的思维模式，是主观精神与客观物象相互作用产生的。同时，主观意象会对客观存在的山水产生差异性、丰富性以及复杂性的反作用力。在人类历史发展的长河中，不同民族、不同地域随着时间的变化、历史的变迁展现出不同的认知结构，包括价值观、文化背景、内在的心理因素等。在各主体认知结构的背景下，主体精神反作用于客观物象形态，因而呈现差异化状态。在中国山水画发展历程中，主观精神反作用于客观形态有一个很明显的阶段，就是近现代山水画。鸦片战争以后，“中学为体，西学为用”思想蓬勃发展，西方文化涌入中方文明，发生强烈碰撞，20 世纪初，中国山水画有了一个重大转折，在继承传统山水画基础上融合了西方观察视角，出现了以海派山水、岭南山水、太平天国壁画山水为代表的变异风格，这是近代中国绘画语言适应时代新潮的有关西方画派本土化的一次重大实验。

中国山水画以一种静观的方式“意游”于画中山水空间，赋予人丰富的体验。包含行和体验的维度，我们游观整幅画面，从上到下或从左往右，画是静止的，但我们的思维是游动的，同时我们的身体也在画中游动，此刻我们扮演的是“观众”角色，用“观”的方式带入情境，触动情绪，引发联想。人行于山水之间，赋予人之体验，极具人文特色。

山水画是园林的一番映照，园林在某种程度上是立体的、身体沉浸式的山水画。明末以降，江南园林尤其注重园林身体沉浸的游观体验，在此之前的园林，各个景相对独立，当然动态的观也有，但更多是从一个景点到另一个景点带有绝对目的性的游观方式，景点处于离散状态，观者欣赏景物主要以静观方式进入。晚明以后，园林则越发注重人身体沉浸式动态游观体验，人们可以在动态过程中感受到景致的无尽变化，而其中以私家园林的表现最甚（图 2.4.4）。《园冶》中卷三《掇山》：“峭壁贵于直立，悬崖使其后坚。岩、峦、洞、穴之莫穷，涧、壑、坡、矶之俨是；信足疑无别境，举头自有深情，蹊径盘且长，峰峦秀而古”。

图 2.4.4　沧浪亭复廊

实景山水的客观物质形态作为中介表达了主观意象，“一拳代山，一勺代水”是实景下的移情。而作为“咫尺山林”营造的重要对象——假山，既是观赏的对象，又是可以登高的场所，人“游”于其中，很容易形成“出入意外”、“内奥外旷”、“上旷下奥”的突变戏剧性体验。

位于庙堂与中隐之间的山水世界

中国古人面对山水呈现一种“游”的心态，一般来说人们更关注的是游的功能性，但这里其实还可以包含社会性的一层解读。对于山水的态度变化，始终离不开历史的变迁、文化的发展以及生活方式的改变等社会性问题。

早期的中国古人将山水视为一种神秘的力量存在，山水受到顶礼膜拜，《山海经》记载的神仙、妖魔足以表明仙人对于山水最初的仰视。最初的“游”山水主要目的是为了祭祀，《礼记·祭法》就有明确记载。到了战国时山河祭祀和封建王制相结合逐渐成为统治者的工具，《礼记·王制》中所言：“天子祭天下名山大川，五岳视三公，四渡视诸侯，诸侯祭名山大川之在其地者。天子诸侯祭因国之在其地而无主后者”。汉代时期本土宗教道教兴起，人们相信修炼成仙最佳之地便是在山林当中，此时的“游”山，是为了上山修行，得道成仙。

经历了山水的哲学阐发和山水独立审美观的形成，以及山水的艺术再创造几个过程之后，民间神话便归属于昆仑山与蓬莱两个系统，东海的“蓬莱、方丈、瀛洲”三座神山是历代帝王所向往的长生不老之地，从那时起中国人对于山水的游赏便有迹可循了，与此同步，园林的功能也在不断更替，“蓬莱、方丈、瀛洲”三神山进入园林中，对古代苑囿的水面布局产生了很大影响，直接影响便是“一池三山”园林布局模式，古人所向往的人居环境便是山环水抱、能时刻游赏于自然山水中的“蓬莱仙境”。

魏晋时期园林的归隐、精神解脱，在明清之后也逐渐变得世俗化和娱乐化。园林造景变得异常繁华，此时园林游乐的功能愈加突出，人们在这里宴请宾客、喝酒吟唱，与其说是修身养性之所，更像是社交聚众的游玩之处，此时的园林与人们的社会生活已在进行渗透融入了。

雅集始于发起者，也就是主人的邀请，大家出游到某地。主人提供一个说法，可以是节庆聚会，可以是欣赏时花，玩赏古董，或分享新制的书画等。前往参加雅集的这一过程，也即“游”。通过“游”，雅集将参与者们带回到山水之间，让人文与自然汇聚于此，通过出游消解忧愁，放松心情。《诗经·邶风·泉水》中云：“驾言出游，以写我忧”，大抵如此。

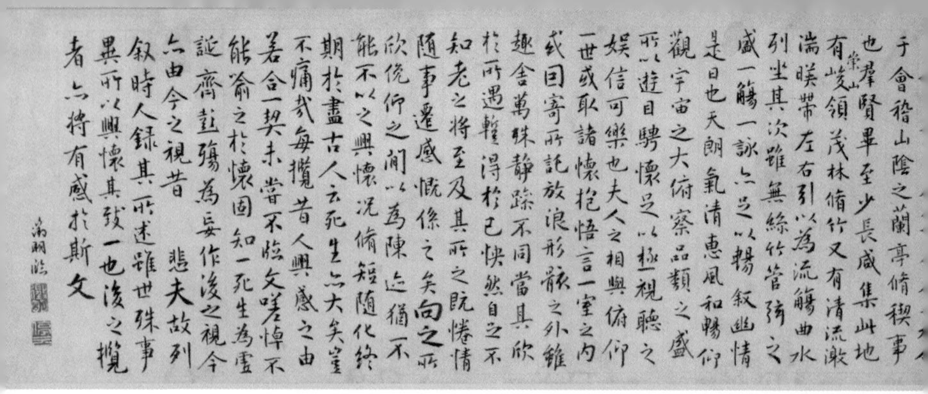

图 2.4.5 明，文徵明，《兰亭修契图（全卷）》，金笺设色，横 146 厘米、纵 27 厘米，现藏于北京故宫博物院

无论是在真山水中还是仿山水的园林中，“游”都是相同的，这大概是人们本能中对于自由、畅行的向往。而《论语·先进》篇中记载了孔子与弟子畅谈理想的情景：“莫春者，春服既成。冠者五六人，童子六七人，浴乎沂，风乎舞雩，咏而归”，在这个层面上，“游”在文人之间的诗话交流中得到了体现。

王羲之《兰亭集序》中有记载：“永和九年，岁在癸丑，暮春之初，会于会稽山阴之兰亭，修禊事也，群贤毕至，少长咸集。此地有崇山峻岭，茂林修竹，又有清流激湍，映带左右，引以为流觞曲水，列坐其次”（图 2.4.5）。

诗人们以一种仰观俯察的审美关照模式对大自然进行全方位的把握，表达出一种超迈的宇宙境界，在“游目骋怀”中忘却世间忧愁烦恼，达到精神上的自由，而这份游娱之乐恰好就是在聚会与交流之中得来的。

日常生活

游于山水，除了因祭祀、礼教、游历之外，“游”的日常生活性也不容忽视。古人将“游”的概念一直拓展，不仅视为一种审美，更是一种生活方式。

在传统私园中，“游”的观念在经过建造转译后获得了存在。建设“游憩”空间，将山水之间的“游”引入城市中来。“游”在园林空间中有三层含义，第一是趣味性，朱子曰：“游者，玩物适情之谓”，其指向可以理解为“趣味”，堆叠假山在某种程度上就是为了满足趣味性，创造一种戏剧性效果。第二是游的“运动”性，这与园林空间的连续性及完整性关联极大。江南园林中，尤其注重营造一种持续舒缓的空间变化，在“回环”、“转折”、“起伏”等空间中获得丰富的游观体验 。第三是不确定性，在变化中产生，变化本身就代表了一种不确定性。首先，中国古典园林设计的一个基本原则就是决不能让游人在任何一个位置可以尽窥园林全貌，给人以遐想的不可预测感。江南园林通常通

过水系联系全园，以厅堂为活动中心，厅堂对面设置假山、花木等，形成对景趋势，厅堂、水池、假山之间通过亭台轩榭进行点缀，同时利用回廊和蹊径连接各个景点，营造出一个充满韵律节奏之美的游园空间。园林的设计通过诱导的方法，使你逐步发现分布各处的兴趣点，“探寻”的路线包括一系列空间，通过“隔”和“引”逐一展现在你的面前。固定视角的单画面与“游”的多画面——这正是东西方谈论视觉文化最基本的语境差别。

中国古人在游走中开始了对“山水”的欣赏，这种山水之游经历了一系列过程，出现了“游历”、“游赏”、“卧游”三种方式。“景”是一种视觉享受，而“境”是一种精神追求，“境”是“情”与“景”相互交融。而“游赏”、“游历”、“卧游”三种方式既表达了古人对于山水的敬畏崇拜，在山水中超越境界，在山水中修身养性，通过山水寄托政治抱负，更是想从山水中体会“情”与“景”相互交融的意境，寻求一种解放身心的生活方式，在品味审美情趣、获得精神安慰的同时表达人生志趣及理想追求。由此，中国传统中的“游”才有如此充满魅力的表现。

Ⅱ-5

搜妙创真

写真一事，须知意在笔先，气在笔后。分阴阳，定虚实，经营惨澹，成见在拘而后下笔，谓之意在笔先。立浑元一圈，然后分上下，以定两仪，按五行而奠五岳，设施既定，浩乎沛然，充实辉光，轩昂纸上，谓之气在笔后。此固写真之大较矣。然其为意为气，皆发于心，领于目，应于手，则神贯于人，人在于我，我禀于法，则自然笔笔皆肖矣。

清　丁皋

谨启

学者们讨论山水画时，一般都喜欢寻根，这个“根”就是起源。福柯的谱系学告诉我们：某件事物的起源并不只是它幼稚的萌发状态，实际上在起源的时候就蕴含着后来成熟时期的各种特征。所以，这里要讨论与山水有关的“搜妙创真”时，也采取了刨根问底的方式，

“搜妙创真”出自荆浩的《笔法记》：“夫画有六要：一曰气，二曰韵，三曰思、四曰景，五曰笔，六曰墨……景者，制度时因，搜妙创真；笔者，虽依法则，运转变通，不质不形，如飞如动；墨者，高低晕淡，品物浅深，文采自然，似非因笔。”

根据荆浩的论述，我们能从这段原文中得到三点理解：一、荆浩在论述“景”这个部分时，以“制度因时”与“搜妙创真”来界定；二、“制度因时”与“搜妙创真”同时出现，说明两者是协同的关系，根据环境、条件、时间进行有目的地取舍，而不是机械地观察；三、“搜妙创真”主要作为技术性工具，而且还必须寻求到自身在气韵、笔墨以及其他要义中的位置，才能从整体上提升画品。“搜妙创真”是绘制“景”的不二法门，画家根据自然规律，在现实中广泛搜集素材，取精去粗，总结概括，艺术加工，创造出源于生活且高于生活的艺术形象，这是“搜妙创真”的内在含义（图 2.5.1）。

“搜妙”源于生活，是艺术创作的基础；“创真”高于生活，是艺术创作的成果。因此，尽管山水画创作过程是主观与客观的统一、交融的有机联系，但“搜妙创真”更像是一个强调再现山水的技术性术语。不过再进一步分析，“搜妙”实际承担着手段，而“创真”更倾向于目的，每件作品只有通过不断“搜妙”的艰难过程，才能达到光辉的顶峰——“创真”，一种山水智慧的真实。这要求画家要“度物象而取其真，物之华，取其华；物之实，取其实，不可执华为实。”

“搜”是指在山水中不断搜寻素材，要求画家观察并取舍（这里与“Ⅲ-1 场地的介入”中的场地调查具有异曲同工的涵义）。“妙”是能与画家心中意趣相合的景象，是画家根据内心发挥主观能动性的选择。“创”是画家不同风格与才华的表现，而“真”是指绘画所描绘对象的本质。由此可以看出，“搜妙创真”的艺术理想是对前人所探求的一种总结和完善，并使五代两宋的山水画与理论实践取得突出的成就，对宋以后的山水画产生了深远的影响。接着我们来谈谈，画家如何才能捕捉山水之真趣。

图 2.5.1　五代后梁，荆浩，《匡庐图》，绢本，
横 106.8 厘米、纵 185.8 厘米，现藏于台北故宫博物院

搜取

“搜”重在对景象的不懈观察搜寻，艺术家敏锐地在世界中发掘，找到可以表现、适宜表现的景象。每位画家的时代背景、自身经历以及性格习性都不一样，“搜”的内容与方式也就不同，但无论外在形式怎么变化，最终都是为了萃取山水的真谛。明代仇英在完成《临宋元六景》之一《夏景者》时，为了捕捉、描绘不同季节、时辰光线和空气的变化，特别选择在雨前的昏暗片刻深入大自然，搜集当时的农事活动场景素材。近现代张大千在游历黄山时，曾自备相机拍摄了 200 多张相片，其中一部分被编成《黄山画影》。书中一件《狮子林》的相片后来成为他《仿弘人山水》扇面作品的样本。古代与现代“搜”的工具不一样，但“搜”的本质并未变化。只不过一种是用眼睛，一种是用相机。无论身处何种时代，画家的出发点都是为了及时记录山水景色和捕捉山水真谛，都是“搜”的体现。

石涛为了绘制《搜尽奇峰打草稿》图（图 2.5.2），遍览五代宋元山水名迹，其绘画思想由“我自用我法”转为“不立一法，不舍一法”。他在《石涛话语录》中提出：“山川使予代山川而言也，山川脱胎于予也，予脱胎于山川也，搜尽奇峰打草稿也。山川与予神遇而迹化也，所以归于大涤也。”这种先“师造化”而后“师心”的艺术创作观的总结，体现了创作的两个阶段：一是山川自然之景通过艺术家创作新的生命表现力；二是画家在创作后与山川一同获得自然的真谛，自身境界得以净化涤荡。

除了画，“搜”还影响山水诗与山水园的发展。谢灵运作为中国古代的旅人、诗人以及佛学家，将大部分时光花在旅行上。凭借多年的出游、攀援和舟楫，将自己的情感寄托于搜寻的各路山水之中，创作了大量的山水诗文，“谢平生于知游，栖清旷于山川”。造园亦如此，园主会根据自己的喜好搜集园林要素，苏州过云楼及怡园旧址原为明代吴宽所有，清代同光年间被曾任道台的顾文彬购置，重新修建。顾文彬爱石心切，一直四处搜寻与采购庭院用石，曾求购于留园、拙政园等其他私家园林，最终在戴氏废园中购得。作为顾文彬收藏书画善本之地，过云楼（怡园）内部多处庭院如“五岳起方寸”中有形态各异的太湖石假山。

妙

为什么要研究“妙”？“妙”承接“搜”而来，回答了搜什么的问题。“妙”是中国哲学与美学体系中重要的概念，在中国文学、绘画、舞蹈等领域均有渗透，反映了古人的独特见解。“妙”这个字可追溯到《老子·道德经》里的“众妙之门”，虽然老子论的“妙”只在哲学范畴，但已为魏晋时代演变成审美范畴埋下了伏笔。

相比于其他审美，“妙”有着独特的艺术精神及美学特征，即妙在自然，妙在空灵，妙在似与不似之间。

“妙”在“自然”。受道家的自然美观点和朴素美论的影响，“妙”在自然中源发，又回到了自然中，是“源于自然又高于自然”的论式。刘勰在《文心雕龙·隐秀》中提到文章须“自然会妙，譬卉木之耀英华。”他认为创作主体应出于自然的状况，忠于自然的造物之妙是创作的第一根本。许道宁的《秋江渔艇图》（图 2.5.3）描绘深秋时节，三五渔舟、旅人沿溪桥长堤而行，或挽马待渡。山岩壁立，列嶂耸峙，山谷幽远，溪水盘曲。景物被描绘得既自然又贴切，各个要素和谐。“妙在自然”既是创作精神的表现，又是艺术家创造出的一种美的境界，反映出一种审美趣味与标准。

“妙”的美学理想贵在“空灵”。“妙在空灵”源于老庄的道家哲学“空”以及“玄”、“远”的哲学，其意蕴对中国山水画创作与理论产生了深刻影响。马远的《寒江独钓图》（图 2.5.4），画家利用了四周大片空白突出主体，同时也给人以江水浩淼之想象，船篷上蓑衣草笠的细节刻画又予以“斜风细雨不须归”的联想。画中除了一叶扁舟以外，只有寥寥几笔水波。这种小景点的画法，使画面留置大片空白，空白并不空，它是水、是天空、是云雾，空白处更有意味，更显空灵。画面中所呈现出的空灵之气，亦真亦幻。

山水画妙在似与不似之间，与艺术家的主观感情、审美趣味、思想倾向关系极大。偏重于个性创造性的发挥。禅宗曰：“幡未动、风亦未动，乃心动也。”这是艺术创作中的境由心生，万物皆变。宋画的主流是巨障式的写实山水，然而却无处可寻一画中真实之山，但群山之姿尽又在画中。艺术创作的过程不是对客观事物的简单描摹，机械翻录，自然照抄，而是应该意在笔先，画尽意在。艺术与现实总差那么一点，有此一点便是艺术，无此一点便是自然了。

从五代以前的画迹来看，山水画的真景象是通过在大自然中寻找到与画家自身统一的“妙”，把自然属性的“妙”创作成表现自己思想、感情的“真”画境。临摹景色是基础，辅以精神才能达到“妙”。

图 2.5.2　清，石涛，《搜尽奇峰打草稿图》，纸本墨笔画，
横 285 厘米、纵 42.8 厘米，现藏于北京故宫博物院

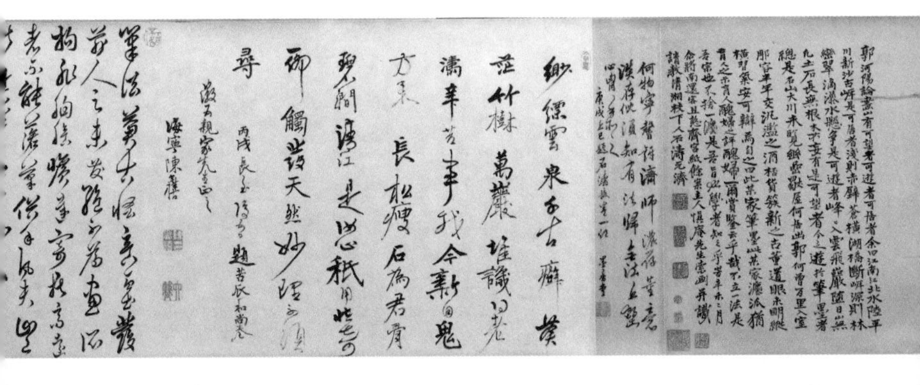

搜盡奇峯打草稿

图 2.5.3　宋，许道宁，《秋江渔艇图》，绢本，
横 260 厘米、纵 49.5 厘米，现藏于美国纳尔逊 - 艾金斯美术馆

图 2.5.4　南宋，马远，《寒江独钓图》，绢本，
横 82 厘米、纵 65 厘米，现藏于东京国立博物馆

构筑真境

从前文阐释的“搜”与“妙”可以看出，“搜妙”偏重于客观选择的过程（但这个选择的过程必然也会涉及艺术家细腻情感的映射），而“创真”更加强调主观创造性和能动性，所以“创真”与“搜妙”保持相互承接的关系，两者既是创造山水的组成部分，又代表着不同的阶段。

苏东坡曾云：“论画以形似，见与儿童临；赋诗必此诗，定非知诗人。”这种“不求形似”的共识存在文人画中。魏晋山水画家王微主张山水画的创作，不需完全与实景相符合，而且还反对用绘制地图式的手法创作山水画。宗炳在《山水画序论》中也提到，画家须在大自然中“身所盘桓，目所筹谋”，在深入研究对象的同时，也“应目会心为理”。之后，姚最用绘画反映生活，提出“立万象于胸怀”、“心师造化”。到晚唐时，张藻进一步提出了“外师造化，中得心源”。

北宋山水的“真”是写实，而元画中的“真”是写心，明清的“真”则又换了。每个时代都会有自身的风格特征，然而“创真”的举动却是历代艺术家集体奋斗的终极目标。虽然每个时代所设定的“何为真”存在着巨大差异，但艺术家会以超越时空的真诚创造心中的山水，传递山水真趣。正是在无以计数的“创真”活动中，山水的真谛慢慢显露出来了。在山水画论中，我们可以体会到无论是宗炳还是荆浩，都共同揭示了中国绘画的本质追求——创作出理想的中“真”的山水画，借表象的东西传达形而上至真、至纯的体验。

“创真”注重“境”的描绘，“境”这个词是从佛学中借用而来的，指与心相对的外境，既作为感觉作用的对象，也指可感知的区域。境随心转，因心不同，境界亦异。中国山水画与西欧风景画的本质性间距就在于此，是对“创真”理解和手段，以及背后的那套文化基因的分别。

董其昌在晚年乘船畅游时，回想起前一日所历之湖山佳境，创作了《佘山游境图》（图 2.5.5）。画面中所描绘的佘山位于今上海市松江区。董氏以行书笔法入画，笔势秀逸简淡，笔力纯正浑穆，画面形象地展现了佘山境内的湖光山色，疏淡幽静。不过在董的画中，我们看到的是在现实生活中并不存在的、充满灵性的心中山水，那些丛林掩映的茅屋、曲折蜿蜒的小径、缥缈虚无的浮云、似有似无的山峰，没有一丝尘世间的烦浊。正如米友仁曰：“画乃心印”，写心应是山水画的最高“境”。

图 2.5.5　明，董其昌，《佘山游境图》，纸本，
横 41 厘米、纵 98.4 厘米，现藏于北京故宫博物院

山水之创真将画、园林与真实空间联系起来。在这个转化的过程中，人们将自己的情感与现实的景色相结合，将现实生活中的美好景致视为理想之桃源，是精神追求得以满足的体现。“渔樵隐逸，所常适也。猿鹤飞鸣，所常亲也。尘嚣革锁，此人情所常厌也……然则林泉之志……不下堂筵，坐穷泉壑……”中国人如此热衷于将无我之境和自然之境相融。

康乾二帝在皇家园林中对江南私家园林有大量写仿之举，尤其是乾隆皇帝南巡回京后，在皇家御苑大量仿建江南胜景。因这种大规模的仿制活动，促使乾隆时期皇家园林融百家之长，达到造园技艺巅峰时期。写仿作为园林设计的一种方法，名为仿，实则是以原型为基础，在分析现状基址的基础上扬长避短，同时结合园主的设计需求和意图进行再创作。这实际上是园林中特有的“搜妙创真”。按照构园之法，乾隆皇帝将下江南时搜得的心中之妙以再创的方式还原出来。在圆明园中对江南私家园林的仿建，绝不是一时兴起，虽然这些园林都为仿建景观，但从相地选址、空间布局、掇山理水、建筑营造、植物配置等方面都进行了因地制宜的再创作，已经融入了乾隆自己的主观心意，“创真”便在于此。

中国文人士大夫在“得意忘象”和“寄言出意”的思辨方式中使山水画得以进入园林之中。苏六朋创作的《药洲品石图》在画卷上留有一题跋，讲述了字画创作经过。虽然是根据回忆创作的画作，但可视作画与园相互印证的代表。整幅画作构图繁而不乱，画家利用怪石将画面分隔为多个层次，描绘出宅园合一的岭南园林景观。小桥、石径、廊桥和回廊错落有致，既有江南园林的风致，又具备岭南园林独有的南方元素。画家在画中创真，创的“真”是园林，进而达到卧游与畅神的山水画空间造境，可行可望、可居可游。

世界的呈现

“搜”是前提，是准备。“妙”是“搜”的结果，是重要环节。“创”是手段，是最具特色之点，而“真”是终极目的，是“搜”、“妙”、“创”的最终成果。不“搜妙”无以“创真”，不“创真”、“搜妙”即失去价值。

在认识观方面，荆浩的“图真”和“搜妙创真”理念一直是传统山水画写生遵循的原则。荆浩说，“度物象而取其真”，“真者，气质俱盛”。气质俱盛的“真”就是写出物之神、气、韵和形的统一。为了达到气质俱盛，就要求画者围绕求真，观察自然，体识自然，表现自然，从而要用“搜”的方法“创真”。这种“搜”有着主观情致的发挥，也有主观意念的专心致志，用心眼、用灵思，迁想而后有妙得，非是简单的外部眼目所见。由此，要写出山水之生、之性的“搜妙创真”，就绝不是简单的“对物摹形”，袭取表面。

尽管“搜妙创真”这一论点直至五代荆浩才正式提出，但是这种法则和运用早有了历史。在老庄思想的浸润中，文人向往神仙妙道、企慕追求个人在山水美景中悠游玩赏的享受已成为一种风气及生活方式，这正是山水美感意识的主要推动力。艺术创作活动是内在的认识活动和外在的制作活动的统一体，也就是艺术构思活动与艺术传达活动的统一体。任由烟云山色、杂草闲花、飞禽游鱼、众生百态应运而出，一切皆揉捏在股掌之中，游刃有余。

Ⅱ-6

古往今来

天地，万物之橐；宙合有橐天地。天地苴万物，故曰万物之橐。宙合之意，上通于天之上，下泉于地之下，外出于四海之外，合络天地，以为一裹。

《管子 · 宙合》

时间性

在景观设计中，不得不提及时间过程性 / 连续性。设计过程中不仅要把握静态物体的建造，也需要考虑时间维度的影响。古今中外，如何利用时间的力量影响造园的变化，造园者们早已了然于胸。同时诗人画家也常描绘时间对景色的塑造。

了解时间对造园的过程性 / 连续性作用，首先要清楚时间的具体含义。很多人可能会疑惑："时间"就如流动的水、物体的移动一般，这不是常识吗？实际上，这种将时间视为均质、线性变化的观念，很大程度上来源于西方的时间观。也就是说，东方有一套截然不同的时间观，潜移默化地影响着古人的造园。

不同的角度对时间的属性有各自的诠释。从物理学的角度看，时间被用来思考物体的运动；从形而上学的角度看，时间性是从永恒的对立面思考而获得的；从文法的角度看，时间在不同时态的动词变化中展开；从客观的角度看即为人们所经历和计算出来的时间。最后这一点，即是我们现代通常对于时间的认知。

如果细究有关时间概念思考的发展路程，从西方的历史和哲学中不难发现，西方对于时间的思索是从自然中的运动（kinesis）出发的。为了思索运动，必须根据物体位移前后的地点推理出时间的存在。并且西方对于时间概念的产生也来自希腊思想渐进式纯化的过程。在这个纯化过程中，我们大致可以猜想时间作为一种均质思维是如何一步一步转化为"数值"的。在西方，最初时间观念本身由星体运动视为宇宙运动，接着脱离宇宙视为任一个别运动，然后又脱离可感载体视为运动的"某物"，最终才转变为运动前后产生的"数值"（nombre）。因此，我们对时间的感知就像对两个连续点间隔的感知，而非当个瞬间。

但这个观点在中国古代却不尽然如此。中国古代哲人的思考中"运动"似乎是缺席的，虽然墨家学说与希腊科学思想有一些接近（墨家的"行循以久，说在先后"把"距离"与"久"的观念联系在一起）。但这个火花却被淹没在古代中国更空泛的对自然世界的思考之中，毕竟中国对于自然的思考不是从个别物体（crops）出发，而是以构成两极的相应元素（facteurs）为基础，一种如山水般对立的，阴阳两极中无穷交互而产生的能量。所以，与其说中国对"时间"这个本体进行过思考，不如说是将时间认知为一个不间断运行的状态，即过程（process）。

正因东西方对于时间理解的不同，在造园中对于“时间”、“距离”、“移动”等理念运用也就不同。根据时序安排景色，西方古典园林往往更侧重于轴线控制，在相应数值的距离上安排对应的景色，让整体显得秩序、统一。而中国古典园林的布景中虽然也遵循时序的安排，但是中国古代造园家对于游览路径的布置主要是按照心情或意向的韵律，或者说是按照“时机”布置其中的观景点，精心经营的景致逐次展现于世人眼前，而这个展现的次序没有严格的时间度量标准。接下来，我们会进一步探讨时间的差异，以更好地厘清东西方对于“游”的设计差异。

时机

现在，我们初步知道了东西方对时间理解的异同，不过倘若继续细究，会发现两地对于“时间”理解的差别像两条迥异的枝节一样分开。西方的时间观是从自然的思考中将时间的概念一步步地纯化，让其从与星球、宇宙的对比中渐渐转为运动的数值（nombre）。所以从时间同质性角度上来看，运动是连续、可切分量值的均质。西方对时间有“过去 / 未来”的差异，自然而然的，我们也不难理解为什么西方语言在用词上会有过去、未来等动词时态了。

而葛兰言（Marcel Granet）首先洞察到“中国未曾构思时间概念”这一点，他发现时间（temps）和空间（espace）对中国人来说并非是“中性场所”。中国人偏向在“时间”里观察纪元、世界或时期的整体，又在“空间”中观察区域、气候和方位。但是两者又有诸多重合之处，比如时期与某种气候相关，而某些方位又与一些时节相互联系。正是因为“时间”与“空间”在古人观念中是相互渗透的，所以中国人对此思考出的往往是“位置”（site）和“机会”（occasions）。

如果继续参考中国本身的“时”观，我们会发现古人似乎在思考“时——机会”（le momentestl' occasion），另一个则是“久（绵延）”（la duree）。“时”这个字，从字形上看是由“日”与象征植物生长形态的“寺”组成，表达出一种日照和煦、万物滋长的意境。而这一点，在我国以农为本的古代恰好反映了时节与人们生产劳作息息相关的特征——春“耕”、夏“锄”、秋“收”、冬“藏”。这个重要知识告诉我们，一年中要选取恰当的时机，既不过早也不过晚，告知人们如果不在恰当的时机劳作，就会徒劳无功甚至失败，但在合适的时机则可事半功倍。因此，中国的“时”在古代更意味着“时机”，即让人行动的理想时刻。

时节（moment-saisonnier）的观念一直主导着中国古代社会思想，无论是祭祀礼仪还是政治。根据“月令”的说法，人们的衣物、饰品、使用的器具都会产生改变。暮春时节的修禊活动，“莫春者，春服既成。冠者五六人，童子六七人，浴乎沂，风乎舞雩，咏而归”，以及 “永和九年，岁在癸丑，暮春之初，会于会稽山阴之兰亭，修禊事也，群贤毕至，少长咸集。此地有崇山峻岭、茂林修竹，又有清流激湍、映带左右，引以为流觞曲水，列坐其次。”都在表述古人往往选择在暮春时节游山玩水，要么在山水中举办祭祀活动，要么就是对着世间景物吟诗作对。

“时节”的观念同样影响古代诗画和造园。造园者总结出如何借用四时流转之变来营造园林的景色。《园冶》中“纳千顷之汪洋，收四时之烂漫”就明确意指园林要一年四季都要有“烂漫”。时节参与情景之中，荷亭必然用来消夏，海棠也定是春光。拙政园中春在海棠春坞、夏在远香堂、荷风四面亭，秋有“小山丛桂轩”，冬是“雪香云蔚亭”，园中建筑与四时之景紧密相连。

动观

对于游园景色的路径布置，也因东西方对时间理解的差异而衍生出两个方向的游览模式。在游览过程中，中国园林的景致充满韵律变化，这种“抑”与“扬”的交替让人们在游园时景有限而时机无穷。仅这一点，中国园林就与西方园林产生非常大的差异。

无论东方还是西方，人们都觉察到在“行进—游览”的过程中随时间推移所感受到的景观体验，并常常以此布置游径中的景色。近来，中国学者借由西方提出的“序列”，开始发掘中国古典园林游径（某种程度上说是园林中的景观序列）中潜藏的可能。不过鲁安东分辨出，中国园林的路径其实相当随意，中国学者把“游”的概念理解为“身体—眼睛”的运动，这很明显受到了西方时间观的影响。还有一部分学者将“起承转合”这种古代文学结构用于古典园林的路径分析当中，这个表述似乎对园林路径的理解更加贴切。

西方园林中所说的“游”，来自“如画”风景：观赏者向前运动，一幅幅精心布置的景致连续出现在人们面前。这种连续的行进往往带有物理特征，即身体在时空中的运动。如果转换到图像层面，如画式园林仿佛是将单幅的视觉在路径上排开，使得一系列的景观都能够在序列中组织起来，形成良好的景观线。

这样解释，如画园林的设计看起来就很像我们常说的“步移景异”了。肯定有人会发问，那岂不是和中国园林一样吗？如果我们细究的话，并不尽然。西方园林的这种“步移景异”，在空间、距离的考量上与东方截然不同，这种认知层面的差异自然会影响布局。凡尔赛花园在设计之初，平面构图就来自欧几里得几何学和文艺复兴透视法。在这座宏伟的花园中，其内核是路易十四本人对大自然征服的乐趣。在造园本质上就与东方截然不同，并不是与自然协同的“天人合一”，也不是对于“时机”的抓取。

而回看与欧洲文艺复兴同时期的明清私家园林，我们会发现，中国园林的“步移景异”并没有严格意义上物理距离的概念。这种区分从东西方 19 世纪的画作中可以窥见一斑。约翰·弗里德里希·卡尔（Johann Friedrich Karl）为《友谊林园》的图册绘有地图和数十幅雕版图，皆是沿着林园的路径进行排列，因此园林被视为与空间体验有关的场所。同时期的中国，兵部尚书徐用仪（1826—1900 年）为他的海盐私园制作了 32 帧图册。作者似乎刻意将近景图的一些内容省略掉，使观者的注意力只集聚于画面的主要内容。其中一幅描绘听众听琴的图像，在水阁中演奏的抚琴人以及听众侧向抚琴人的身姿，暗示出画面中不可见的琴音，再加上图面的题名“临波琴啸”，让人对画面的图景一目了然。观察这份图册时还可发现，在鸟瞰图与近景图的切换当中，既抽离于画面外，又沉浸入近景图的景象当中，人们通过“远观”和“沉浸”的双重方式体验图画中园林的景象。因此造园中的“运动”并非物理上的“距离—布景”这样充满序列的安排，而是根据心中的意向，在园中设置一个个引人沉思、唤起情感的景致，园中的景致借由本身的引力将人引入一个又一个的场景当中，这个体验序列的过程是非常散漫且随意的。其特征也刚好体现中国古代的时间观——非均质线性、注重时间的节奏与规律，也就是如何在园林漫游中“行进—停顿—观赏—沉思”的循环往复。这种焕发人们对画面情感的景致与传统的山水息息相关。

山水的内在连续性

如果说时间是阴阳两极相依相生而成的恒常现象，那么山水就是阴阳两极相生的自然万物了，“山”与“水”在自然中发生了无穷无尽的配对。古代中国对于自然的理解，很大一部分来源于“山水”一元两极的解释与思想。山水在历经时间流逝的过程中，生成各种形态的变化，同时也因为人们的漫游，而在人们的心目中产生各个面向的景象，古人将种种景象凝练于画面当中。这种对于山水的观看与理解，恰恰与中国古代的时间观有同构之妙。

山，因在其上的岩块与植栽的变化而衍生变化无穷的景象；水，因水上云雾的蒸腾而蔓延浩渺烟波，它们两者衍生出无穷尽的山水意象。并且，山与水之间并不各自争抢，形成竞争关系，而是互相烘托、共荣。山的耸立使得水面开阔而生动，水的萦绕使得山石更加生动蕴秀，山的稳固和水的流畅相借相依。然而，无论是客观事实还是主观内心，山石似乎并不比水波烟云更加稳定。山可以拥有任意的形式，山水画家作画时从各个角度抓取山石的精妙，将其最美的一瞬融入画纸中。这时候"时间"的作用绝无仅有，经由人的心智把自然的山水化作人们内心愿想的自然。在北宋《宣和画谱》中，曾援引王维的咏山丽语："落花寂寂啼山鸟，杨柳青青渡水人"，"行到水穷处，坐看云起时"，此处的"穷"是诗人以"穷"喻示自己已走到穷途末路，走到生命的绝望之处；但此时的诗人又说"坐看云起时"：他发现自己的内心有别样感觉在慢慢升腾，似乎能看到生命的另一种意境和转机。"水穷处"是空间，"云起时"是时间。在绝望的空间里，憧憬着看到希望的时间，这就是诗人在字里行间中借由山水表现出对时间无尽轮回之感。

时间，来回反复；山水，相生萦绕，古人对自然的理解差异造就了对时间理解的不同，随之影响了对"游"的认知，也因此从"山水"中感受到与时间在古代共同的内核——一元两极、相借相生，从而实现古人心目中所向往的"自由"境地（图 2.6.1）。

图 2.6.1　白鹭湾公园

Ⅱ-7

山水之境

诗中画，性情中来者也。则画不是可以拟张拟李而后作诗，画中诗，乃境趣时生者也……山林有最胜之境，须最胜人。境有相当，石，我石也，非我则不古；泉，我泉也，非我则不幽。

清 石涛

四重境界

所谓“山水见于情”，说的是山水与内心情感（sentiment）之间的关系，这种关系在中国传统造园中得到了淋漓尽致的展现。在咫尺山林中搭建山水骨架、营造风景时，文人墨客并非仅限于纯粹的美学追求，同时还想索取一种情感召唤，以园内之景为触发点但又逸散在园景之中。这种情感召唤在古典美学语言中称为“境”。无论是秦汉以来将宇宙万象（一池三山）纳入园中的空间愿想，借用宫苑的楼宇布局暗示天下的秩序，抑或是魏晋时园景与园外自然浑融的联系，以及宋明以后心相与园境相互间的感应，无不体现山水营造的终极目标——境。

诗有境、画有境，园亦有境。境当然不是物质的实在，境的解释需要人类精神层面的参与，是眼前之物持续激发精神层面的一种互动状态。更深一层的境，除了激发审美者情感之外，宇宙天地、历史洪流也进入精神层面，唤起了一种哲理性的深思。

王毅把园林的境分为四重境界。第一重境界，无限广大、涵蕴万物的宇宙模式。园主将对于宇宙天地的理解布置于园林之中，比如上古苑囿中堆立高耸灵台，来源于古人对祖先形体特点的认识和西北的自然地理特点，那时古人对于宇宙的认知体现在经营园林的“高大”。秦汉时，无论时代条件、造园技术、物质手段如何，皇家苑囿总在有意识地追求笼盖万物并无限宏大的空间原则。中唐以后的“壶中天地”，以及明清的“入狭而得境广”也是这种意识在后世的另样延续。

园林的第二重境界，是无我之境的追求。引用王国维《人间词话》中的论述，无我之境即是“以物观物，故不知何者为我，何者为物”。基础仍旧是无限广大的宇宙观，但在宇宙观下突破了园林有限空间的矛盾，实现了园景的无限拓展、园内与园外景色的耦合与呼应。到了魏晋南北朝时期，士人园林开始连通园内以及园内与园外之间的景观。《游园咏》所写“山邻天而无际”，表达了园景与园外山水浑融凑泊的联系。此时的造园者认为，如果建筑和园林不能够相通万物世界，再怎么精巧，都只能是下品。离开了宇宙的融入，园林就无境界可言。“借景”的意识也是在此时树立的，“见山”、“会景”、“远亭”等一系列亭台景名（图 2.7.1、图 2.7.2），也是在该宇宙观基础上诞生的。

第三重境界，有我之境，加入了人，即园景所激发的审美者意趣之间的联系。园林中关于“天人相与”的宇宙内涵，表现为景带来的意趣与时空感受等比景物本身之间的关系更为重要。情与景的交融，让园中的景物成了士大夫对完善

图 2.7.1 豫园，会景楼

图 2.7.2 拙政园，见山楼

人格的寄托，“有我之境，以我观物，故物皆著我之色彩”。此时此刻，审美者的情感、意趣以及潜意识等心性与园林浑融成一体。

第四重境界则是追求和谐而永恒的宇宙韵律，而对于该境界的追求，除了在天地空间、世间景物之上、在人类情感的涵盖之外，还有对时间长河的容纳。有一个典型的例子，《论语・子罕》中说：“子在川上曰，逝者如斯夫，不舍昼夜。”孔子在观看眼前流水时体会到的时事运迈的无穷，一种现世、充满人情味的宇宙意识，同时也朦胧透出诗情和画境。人们在造园中，不再只局限于空间、园外山水、情感之间的营造，还纳入了时间与宇宙。因此第四重境界的园林更加注重整体而非局部的把握，注重动态而非静态的处理。

造园时，古人未必将山水景象完全描摹得如现实山水一般，而是借由山水寄托自身的情思与意蕴。世间的山水经由造园家的凝练、抽象，变成了园林中的山水意象。为了突破园林有限空间的桎梏，造园者想方设法与园外的山水呼应，通过对景、聚景、纳景、引景等手法让园内外产生沟通。如果再将时间的长流容纳其中，山水则成了永恒的象征，人们借此对宇宙进行历史宏观上的思索。所以，山水是激发观者对时空长河进行哲理性神思的密钥。

境的审美机制

“境”在古籍中与“竟”相通，《说文解字》注：“曲之所止也，引申至凡事之所止，土地之所止，皆曰竟”。境为疆土界线，后来逐渐表示人的某种心理状态、体验，并在唐代以后纳入美学范畴。现代对于意境有不同的阐释，《现代汉语词典》定义“境”为“文学艺术作品通过形象描写表现出来的境界和情调”。而叶朗在《论意境》中强调，意境并不只是情景交融，而是在此基础上蕴含哲理性的人生感、历史感、宇宙感等哲思的意蕴。

不过意境在历史上似乎没有形成严谨的体系脉络，但从总体观之，可大略分为三个阶段：“言不尽意”、“立象尽意”、“境生象外”。为什么会有“意、象、境”的分别，是因为“意”与“境”两个字的诞生和交合，让“意境”一词派生出非常多的指涉——“意韵、意趣、境界、情境”，所以从以上三个阶段进行分析，或许有助于理解和认识意境的孕育历程。

首先我们讨论的是“言不尽意”。当我们表达个人的思绪、情感、意念时，语言（文字）是我们传播与表达的基础，若脱离了该基础，那么文学将成为无本之木。

但也因此，一个难以解决的矛盾出现了——有时明知词难达意，却又不得不用语言表达。所以，言在意的限度之内，言的范畴只会小于意。比如“文章以意为主，字语为之役。主强而役弱，则无使不从”就是强调以“意”为主的观念。不过“意”非实在“物”，非常模糊、多变、难以量化，所以言与意的关系复杂且不稳定。为了让人们更加“尽意”，通过音乐、书法、舞蹈等艺术形式拓宽了表意的方式方法。

因此古人逐渐发展出“立象尽意”，《易传》开始提出“立象以尽意”，魏晋玄学家在《周易》的基础上申发了“立象尽意”，于是古典诗学引进了玄学中“象”的概念，弥补文字表意的不足。“象”的含义在古代变化较大，不过在后世的发展中，“象”指代的是人们观摩事物的结果、一种联系着客观事物的抽象符号，用有形的事物象征道行肌理。而“象”的范围拓张到“意象”后，则指代受情驱使、被意充溢的形象。

“意象”概念的形成有益于“意境”的生成，“意境”大致可以说成是“意象”提高、升华和集群而来的，具备整体和系统性。唐代因佛教引入的影响，使用“境”代指心理状态、体验的维度，并界入美学范畴中。艺术家对审美对象超越了“象”本身，转而成为“象”集群的“境”，“境生于象外”说的就是如此。“境”与“象”的不同之处在于，“境”不是孤立而有限的物象，而是一种观照世间万物运行的图景，并且有了更进一步的结合情、意、思的可能。所以，“意境”是设计者在营造逸满情思的意象综合体中编织的一个状态，充盈人类情感，甚至引发对于宇宙运行的思量。而当我们了解“境”是什么之后，对如何将其运用于当今的景观中便了然于心了。

有我之境

意境分为“有我之境”和“无我之境”，它们在美学层面上分别指代什么？王国维对有我之境做过这样的描述——“有我之境，以我观物，故物皆著我之色彩”。诗词“泪眼问花花不语，乱红飞过秋千去”，主人翁难觅真爱，只能泪目，借落花询问是否能得知心上人的心意，但是乱红只能随风而去，显然作不出回应。这一幕是有我之境，通过主人翁的视角看待自然万物。

山水诗中的有我之境，最著名的可能要数李白的《望庐山瀑布》：“日照香炉生紫烟，遥看瀑布挂前川。飞流直下三千尺，疑是银河落九天”。这首诗的第一句，描述阳光照射在香炉峰上，生出蔼蔼薄雾，而第二句中的“挂”字，让瀑布脱离了自身的视觉，成为诗人眼中的象，是诗人远观的感——如白布一样挂住。最后两句中，通过植入个人的主观感受，反而让瀑布高悬于山川之景淋漓尽致地表现于世人眼前，“疑”后面即为诗人想表达给世人的想法，这就是我们常说的“有我之境”，通过“我”的融入把山水带到另一个地方，超过了山水实体本身的“象”。

无我之境

“无我之境”是褪去了“我”的身份，以物去观物，所以不察觉自身与外界环境的差别，仿佛自己与自然万物连结在一起。《人间词话》中 “无我之境，以物观物，故不知何者为我，何者为物”。比如“寒波澹澹起，白鸟悠悠下”此情此景，无一字写人之情感，但却无不渗透出诗人想要表现的自然，此处的自然即情感，反映了古人的美学之一——寓情于景。很多时候我们不直接描述感情，却从一些描述自然环境的侧面透露出来。所以无我之境就是这么来的，由侧面进入正面，由片段了解全部，借由这些碎片编织出我们的情境。

在题咏园林的诗作中，其中一首“隔牖风惊竹，开门雪满山。别业居幽处，到来生隐心。南山当户牖，沣水映园林。平山阑槛依晴空，山色有无中。碧嶂横陈似断鳌，画阑相对两雄豪。东轩只有云千顷，不似西山爽气高。”诗句中描写了各种园中所见，从山峦、沣水、晴空、画阑、云雾等景物的描写中，大致可以推测该园林的空间布局和景色布置，并从中感知出园景与自然景相互映照。其他诗句，如“层轩皆面水，老树饱经霜。雪岭界天白，锦城曛日黄”，诗中所说的“层轩”、“老树”、“雪岭”、“锦城”，园内园外之景的转换，恰在经营与对比中构造出近远共融的情景。

而画中，“无我之境”在倪瓒的画境中可见一斑。倪瓒的画超越了对境的关系，在画面空间中并非心对之物、情对之景、意对之象，而是生命体验中的图式。褪去了人从自身知识、情感、欲望角度对世界的认知，任由世界依照其“本性”自在呈现。倪瓒在《南渚图》的诗中写道“南渚无来辙，穷冬更阒寥。水宽山隐隐，野旷月迢迢”，作者只是把世间万物呈现出来，却反而活络了山光月色的每一个图景。此种对对象的消除，让图像中的意境超越了原本的声色之境，更加微茫空灵。若要超越外境，必须有“无住”、“不系”的觉悟之心，以似乎寂然不动、荡尽人间风烟的方式营造萧肃冷漠的氛围。倪瓒绘画时，将亭子表现得如“寓诸无竟”，似乎生成得毫无来由，不与天地相着，静静地立在画面中，不做细节描绘，只留下纯化的人类居所符号。这种看似冷静、忠于现实的描绘，恰恰是激发这种茫茫无我之境的关键。

园林之境

通过编织意象组织个人主观色彩的有我之境、全然的无我之境。境生于象外的意境之网，也融入了园林的营造当中。了解意境的演变、生成、分别后，我们对于园林中的景观意境营造会有更深一层的见解和体悟。

中国古典园林营造常借历代文人典故，融入园主个人经历，把自身对于自然万物、世事见解，通过主观视角或者以物观物的方式，借由山水、花木、亭台、竹石等元素在园林中构建出理想中的意境。园林的营造与其说是为了营造形式，不如说是借由形式，激发生于物、象之外的境。园林内或园外的山水，所指代的是士大夫对于牧歌式隐逸生活的向往，对于动荡外界环境的一个退避。

我们之所以追求这种发生了象外的境的“神游”之感，恰恰是基于我们过去儒、释、道三教文化的孕育，激发了人们对于虚静、自由的向往之心，使得人与自然的主客关系由对立融为一体，从而人与自然相依相生的意境浑融而出，让人在对山水，乃至对大自然的追寻与向往中获得生命的至终体悟。最终所营造的“境”的目的，可能大致如此吧。

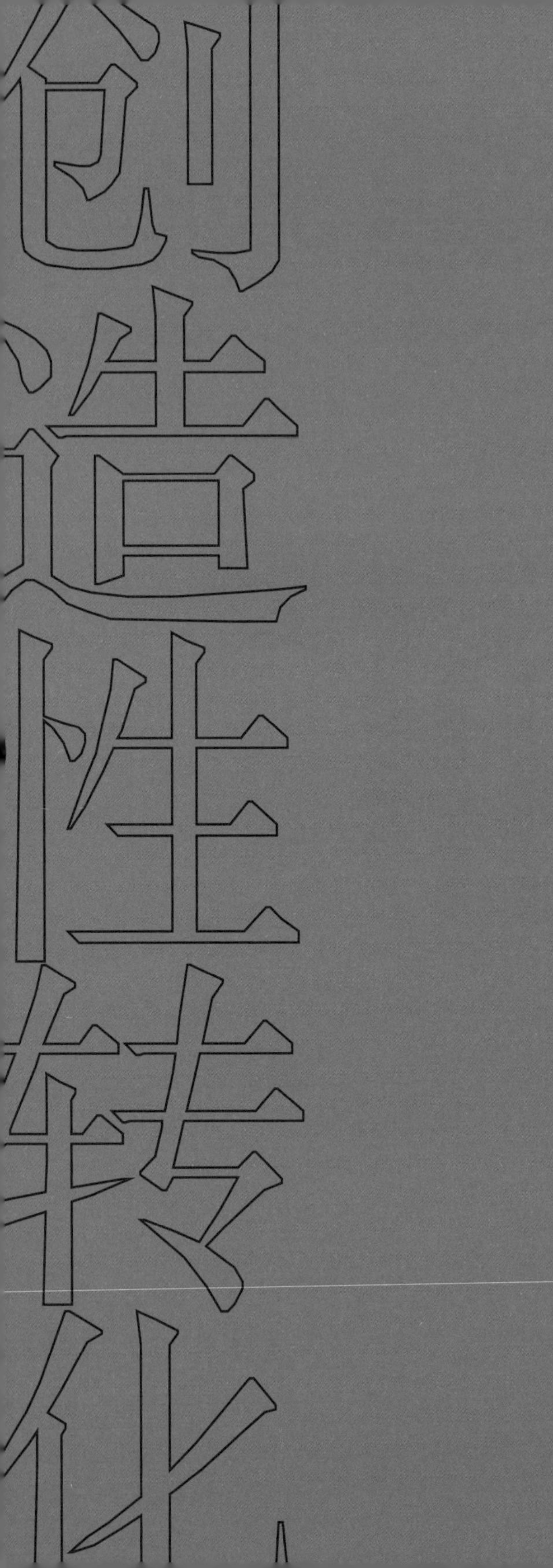
创造性转化

创造性转化

CREATIVE TRANSFORMATION

Ⅲ-1

抓取

场地的介入

谢灵运对山水的感受和书写，是永初三年旧历七月后，以身体与条条河流和山岭厮勾而开始……他是凭借攀援和舟楫一步步、一程程地打开山水这部大书，以肢体的移动探索着此一世界的深度。然而，在书写之时，他却必须将以汉语语义系统铸就的美感经验世界建构于五言和隔行押韵、对仗的诗之中，必须在语言内部重新构造他的语言即话语。

萧驰　《诗与他的山河：中古山水美感的生长》

身体经验，是设计中最可靠的判断力，理性、共情、反思与逻辑，是设计师与真实进行斯勾、交织的内在性力量，是打破主客二元机制的沉浸式智识。“身即山川而取之”，身体构成了谢灵运、荆浩等先贤抵达山水之深度世界的舟楫。在这种经典的山水书写姿态中，我们认知到山水并非是被凝视着的知觉客体，而是经由身体经验“被建立起来的一种沉浸，即沉浸到那构成世界的组成部分相互作用下的生机里”。而我对场地的认知以及介入的方式，便深受这种山水式沉浸的启蒙：以身体的沉浸，建构风景园林师介入场地的媒介并最终实现时空连续体的创造性转化。

场地

将身体经验奉为圭臬，并构成了自己突破既有知识规训的有效路径。也由此，旅行成为自己毕生修行中的一门重要课程，行山涉水的自然体悟、经典作品的实地考察……一如谢灵运的山水书写，希望借由身体打开每一部大作的深度世界。

过去的五年里，持续地对勒·柯布西耶进行了走访与考察，从瑞士到法国到印度……渐次展开的行走与身体经验，让勒·柯布西耶从影像文字走入了自己一方视阈下的现实中，既鲜活灵动，亦不乏更多体悟。犹记得萨伏伊乍现眼前时的震撼，一种近乎“怎么能这么做呢？”式质疑与喝问。建筑与场地形成了若离的动态特征，底层架空的纤细的柱子就像是挣脱大地前被拉伸变细的牵绊，张力十足，恰似一艘试图挣脱大地引力的飞船。正是这种“若离”的姿态，使得建筑和场地的关系显得十分突兀，突兀到让身为景观设计师的我感到愤怒：建筑与周边树林的关系稳定在一个“生人勿近”的尺度外，这个尺度还流露着异样的嫌疑——曾经的勒·柯布西耶是不是特意将场地上的树木移走甚至铲除而留下了这样一处开阔而独处的空间?

勒·柯布西耶在出版于1930年的《论建筑学与城市主义的现状》一书中，对此曾有过阐释：“住户来到这里，是因为这里粗犷的田野景色与农村生活相互呼应。他们可以从空中花园或条形窗的四个朝向居高临下地观察到整个区域，他们的家庭生活被安插在一个维吉尔式的梦境之中。”对于这片称之为“维吉尔式的梦境”的田野景色，勒·柯布西耶选择了“凝视”而非“沉浸”，或许正如吉迪恩所臆断的，“他希望能眺望乡村的景色，而不想隐居在森林和灌木丛中”。

无需武断地抨击这是勒·柯布西耶对场地的一次冒犯，却也无法抑制源于自身风景园林立场尤其是浸淫于中国山水文化的设计价值观上的态度表达：场地，既是风景园林工作的起点，更是其安身立命的所在。

图 3.1.1　萨伏伊别墅

中国古典园林的发展经历了从物象、意象到意境的嬗变过程。在这样一个从“象天法地”到“游心造境”的过程中，“物象”构成了整个线索的由头。“古者包牺氏之王天下也，仰则观象于天，俯则观法于地，观鸟兽之文与地之宜，近取诸身，远取诸物，于是始作八卦，以通神明之德，以类万物之情”，对物性的理解与共情而非对人性的体认，构成了中国古典园林发展的内在逻辑。所以，计成在《园冶》主张造园必先相地，只有“相地合宜”才能“构园得体”。

中国造园经验历经千百年光阴变幻、积淀后，现在依然迸发着无与伦比的生命力。古代风水的选址、相地智慧与经验（因地制宜）等传统法式流传至今。外来的国际经验（特别是对于现代主义“白板运动”的批判）在几十年的应用和再适应下也逐步证实它与国情的吻合，如充分尊重地域乡土性、强调场所的独特精神等（图 3.1.1）。从古到今，从国内到国际，无不揭橥了真理：风景园林设计需要以场地为核心，设计方案以场地为基础，再谋篇布局、立基装折等。

唯有那些根植于民族的，才能具有真正世界性。换言之，如何从自身的文化属性出发，如何从场地自身的特性出发，将成为景观营造优劣的重要评价标准。

有些风景园林师常常在事实表面浅尝辄止，从未深入场地的底层逻辑，用浮夸的概念粉饰平庸的设计，从而“瞒天过海”。不过，我们先不贬低这种做法，至少会发现，无论风景园林师使用的概念如何，但却基本都是由场地入手的。这其实是设计师们逐渐形成的一种共识，即决定整个设计作品内在品质一项重要工作就是进行场地分析。如果某个景观设计不是从场地本身切入的话（或者仅停留在表面），那么这个设计必将备受非议。于我自己而言，每次设计所渴望的是，一种来自场地本身的内在张力所使然的东西。

介入

场地是风景园林设计赖以为生的大地维度。“场地介入”自然成了风景园林师练习乃至执业中最开始的问题，诸多经典的风景园林作品也因巧妙介入场地而为人们津津乐道，不过场地介入的具体可操作途径却不是每位从业者都了然于心的。毕竟知易行难，而且“完成”与“完美”之间还有着巨大的差异。因此，新山水理论的第一个核心关键词就落在了“场地”上，只有搞清楚如何调查和表达场地信息，我们才能将对场地的观察与感知记录、表达、再现，进而直接或间接地影响设计（图 3.1.2）。

场地再小，其蕴藏的信息也是一片烟波浩渺的汪洋。从一捧土壤，到整个区域，风景园林师都要兼顾地考量。因此在面对复杂的场地时，必须具备一个重要的

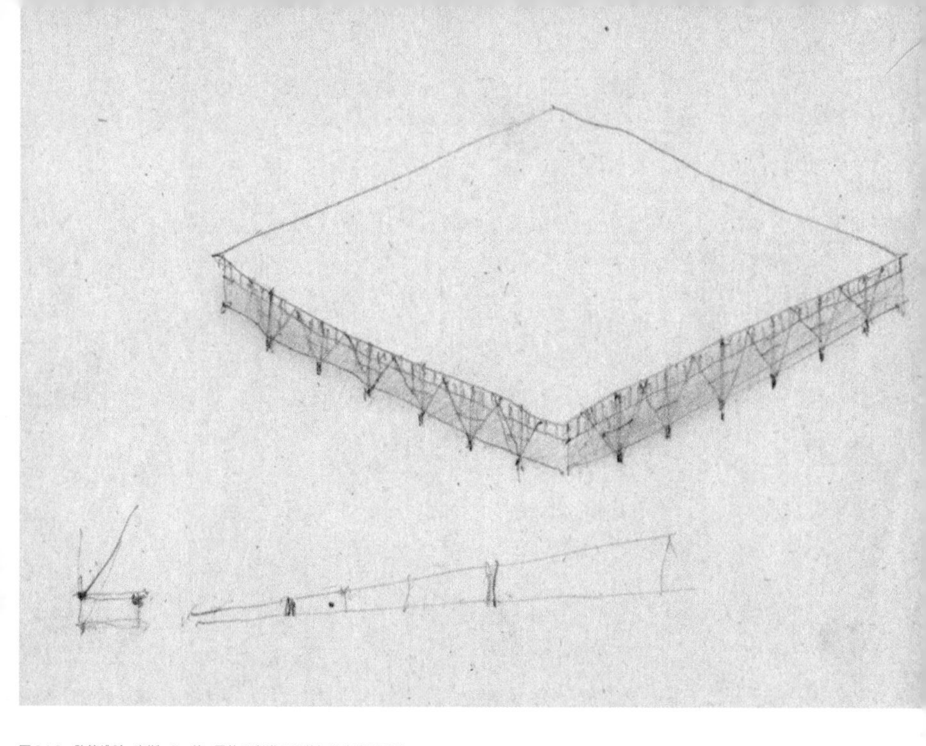

图 3.1.2　路德维希·密斯·凡·德·罗的伊利诺伊州芝加哥会议厅项目
（鸟瞰图和结构细节，1953 年）

图 3.1.3　里斯本音乐学院考察

技能——“抓取”。为什么以“抓取”作为关键词，除了“抓取”本身指涉着设计师对场地的分析能力外，还有一点来自企业管理的体会让我深有感触。

经常遇见许多人的一个共性问题：在山水比德如此规模和发展速度下，如何在个人的有限精力下平衡设计和管理。起初，我也确实被该问题所困扰，面对各种管理上的纷繁复杂而措手不及。后来明白事无巨细是低效管理，只有抓取重点以“多思考、多总结、找方法、给结果”的逻辑，一切便清晰且顺畅起来。所以，不仅对自己如此要求，更是在整个公司管理中成立重点办公室，抓取重点事务、发扬钉子精神，才能更加游刃有余。也因此，才能让我得以在一线设计上投入更多精力，带着设计师踏勘现场、头脑风暴、推敲细节……对我而言，

设计师该如
总体构成和

抓取意味着效率、择优以及分析和把握。

回到设计的层面上，“抓取”更多回应的是场地的介入与处理方式。如果用中国传统思想中的术语表达的话，五代荆浩《笔法记》提出的“六要”中的“搜妙创真”可以拿来概括“抓取”这个动作。抓取既包括场地的概念，还涉及场地的策略，最后是具体介入场地的方法。

那么，设计师该如何看待场地的总体构成和局部元素？这些看法回答着关于场地基本概念的认知。

首先，场地不是全然的空无，它们有各自的独特性。正如世上没有两个完全一样的人，世界上也不可能存在两块一模一样的场地条件。这种独特性大体由文化脉络、生态机制和材料构造等几大因素决定。地域性就是场地特征之一，是文化脉络所决定的。植物群落的演替，风、光、声、电等自然条件也是场地的独特性；岩石质地、土壤构成以及各种场地的构筑物都是生长在场地上的。这些特征不可替代，不能被轻易移除。

场地中哪怕是无关紧要的微小元素，都能散发出独特的气质。场地本身就是一个不断更新的精神场域，可以既保存那些精致和缓或粗犷外放的精神，又不断生长、融合、突破，让空间充满了想象力。风景园林师就要敏锐地捕捉到构成场地性格的各种独特属性。

其次，场地永远处于关联的（relative）空间结构中，不论某块场地再大，它只要在地球上，就一定处于更大的从属关系中。因此，场地的独特性不仅由场地内部文化和生态机制组成，而且还与场地周边的环境有着千丝万缕的联系。在看待场地时，需要具备一种广泛的尺度概念。

看待场地的
部元素？

更关键的是，这种弹性的空间联系不会因设计红线划定了明确边界而自行消失。反而风景园林师能把握住这种隐性关联，跨越人为的场地界限，从而将场地和周边的空间作为一个整体进行统筹性思考。具有独特性的场地与周边的建筑、社区、交通的关系是什么？这块场地与当地人文的联系又是什么？在更大的尺度中场地如何参与了这片区域的组构？场地外围的关联性又如何促进场地自身塑造自身的空间形态？这些亦是构成场地性格的关键因素。

最后，风景园林师还要认识到：场地不是一块静止的、三维的空间，而是在时间中流淌的时空综合体。场地的历时性将会深刻地影响场地的性格构成，那些历经时间的场地充满着各种信息的厚度性（thick），犹如被叠加到一个横断面的各种地质考古层。场地的时间性暗示着景观具有累积性的记忆症（anamnesis）。这些斗转星移的历史累积常常无法可视，毕竟历史不可能一览无余地直接“塞给”观者。可见的，不可见的场地特征都要留意和处理，设计师使用他们独有的探寻时间痕（trace）的技能，打开场地的潘多拉之盒。

从上面论述的基础来看，任何景观设计项目必以场地的自然现象和文化状态为出发点。这些文化和自然的混合是架构场地与景观的前置条件，与景观生成逻

辑、演变程序和最终塑形密切相关。所以营造景观的先决条件之一就是清晰认识到风景园林介入（intervene）场地的本有性格特征，其行动的程度如何，以及能够自觉意识到可能会产生什么样的结果。

设计师可以运用很多种介入姿态。以场地自身的条件为出发点，如果进行简单地划分，可以初步分为三种类型。第一种，完全克制。谨慎地“轻触”场地，依照场地原来的肌理和结构构建后来景观的主要骨架，注重场地肌理和保留物的精心处理（图 3.1.3）。第二种，相对节制。部分“改造”场地，通过抽离和凝练某种历史符号，以建立特定的场地文化关联。第三种，彻底“重构”。近乎摧毁式地重新置入，给场地一个全新的概念，从而彻底颠覆场地之原有形态。而这三种不同的姿态将会直接影响场地的面貌以及建成景观的最终形态。

在这里，“轻触”、“改造”和“重构”分别代表风景园林师完全不同的介入姿态。这些姿态性的策略将会决定未来重塑场地的具体方法。当然，这三种策略没有谁优谁劣，一切以场地的条件为首要参考。

尊重场地现在已经达成普遍的共识。但场地是个对象，它仍旧有很多属性。更进一步说，如果拿场地的独特性作为判断标准或许更为根本。而强调场地的独特性（specificity）不意味着一定要使用“轻触”和“改造”的策略，并非要严格、刻板，甚至教条地从场地条件出发。如果场地的独特性并不突出，或者没有那

图 3.1.4　广州龙湖·云峰原著，山水比德，2019 年

么多特质和记忆点。那么采取“重构”反而可能更容易激发设计师的创造力。

我们有一些项目是城市新建社区，大多是“平地起园”，场地本身没有什么特点。这也是我为什么要把“重构”这个策略拿来特别说明的原因。实际上，“平地起园”比那些改造场地的设计更加有难度，它渗透了对使用者的人性化关怀，在过程中，设计师以“谦卑”的姿态处理人与自然、人与空间的关系。随着设计项目的多样化，我们不再局限于在“干净的”场地上做设计，而是兼顾场地条件的差异性（图 3.1.4），最大程度上平衡场地与设计之间的转化。

在当下言论里，风景园林师常有个设计领域的标准答案：以场地为基，场所精神和文化特质……而后再言尺规图画。场地精神是无可逾越的艺术金线，是正确艺术。但现实却大多事与愿违，城市楼盘多是推倒重来，或在一片崭新的水泥上“起高楼”。因此，在具体的项目中，我们更需要自信，坦然地面对一处城市白板，有节制地、真诚地尊重应该珍视的存留。尝试丢掉生拉硬扯的厚重与冠冕，扔掉包袱，无中生有地营造佳境（图 3.1.5）。

假如风景园林师已经在概念和策略层面上明晰了三种场地姿态的细微差别，以及在特定场地中的干预方式。那么下一步就是，设计师如何具体地进行调查（discover）和质询（inquiry），从根本上帮助新山水理论之于景观营造的铺陈（unfolding）与形体化（embodiment）。

图 3.1.5　陆家嘴·九庐，上海，山水比德，2019 年

是否只能运
科学的思维
调查、记录
信息？

抓取

场地的抓取过程和意图，中文概括起来可以是“搜妙创真”。即，如何在场地中探寻到妙处，为后续的景观创造提供前提条件。抓取一共需要四个步骤：沉浸（immersing）、全扫（scanning）、锚定（finding）和谋定（plotting）。关于这四步的讨论，除了我个人的实践总结，还有借鉴法国风景园林理论家格鲁特（Christophe Girot）关于场地探查的相关观点。

通常，搜罗和记录场地中的各种信息时，风景园林师的途径是客观的、科学的、精确的。这要求记录内容细致且综合，收集的数据多样而准确。同时范围很广，从生态过程，到人文历史，再到社会关系，人的基本需求，还包括上级规划、用地红线、交通信息等。也就是说，线索千丝万缕，最终百川归海，才汇总成一份缜密详细的调查报告。不过，问题的关键点是：是否只能运用科学的思维和方法调查、记录场地的信息？这种处理场地的方式是否真的可以抓捕到场地的核心性格？

新山水理论体系下的场地观不仅重视科学客观的调查方式，更强调直觉式的（intuitive）、经验的（experience）思维方式，后者恰是激发风景园林师用情感触碰场地的重要前提。踏入场地之前，纵然设计师一般要提前了解场地的相关信息尤其是价值，但这并非必要的。当一个毫无准备，两手空空的风景园林师

方法 地的

凝视场地时，在场地漫无目的的游荡中，他很可能通过自身的悟性和灵感迸发出特定的设计理念。因此，“抓取”的第一个步骤是不准备各种资料，直接进入场地，即“沉浸”。

“沉浸”意味着开始场地探索的旅程，从未知的境地转化到熟稔的状态。一般“沉浸”更加强调身体与场地交融，设计师完全放松身心，在场地里随意感受。故而感觉（sensing）在前，而思考（speculating）在后；迂回（stalk）在前，理解（understanding）在后；漫游（moving around）在前，揭示（disclosing）在后。在整个过程中，场地上的任何东西都不是纯理性的客观，设计师把各种情感和记忆投放到了场地中，赋予某种想象，风景这时有了主体性的阐释性情愫。

风景园林师沉浸于场地中的方式颇为关键，如果他们长时间在场所里漫游，事无巨细地体会，便可能以更加充分的、饱满的感受觉察场地的存在物。在体验场地的过程中，灵感像在空气中弥漫，飘飘荡荡，等待着某个时机与正在寻找它的人们不期而遇。

第二个操作步骤是“全扫”。如果说“沉浸”注重一种即时的、瞬间的场地操作方法，那么，全扫则强调重复多次的场地回访和研究。我认为持续重访场地是有必要的，在不同时间以不同心情介入，可能会有不同的灵感。“沉浸”倾向一种经验直觉的想象，而“全扫”则是运用理性科学的思维和方式调查、记录和分析场地各种的遗留物，挖掘可实现的潜力。有时甚至要求风景园林师细细地爬梳场地的历史考古信息、居民的生活档案和精确的生态环境数据。

全扫需要风景园林师在重返场地调查前就要制作合乎规范的信息存档。踏入场地时，要带着符合逻辑的目的性思考以初步构想方案。全扫试图揭示或隐或显的连续性信息层，场地上那些显而易见的事物并非一定重要，隐而不露的信息也不是完全没有价值。风景园林师在分辨各种场地信息的基础上，以特定的技术手段表达，这便是场地操作的第二个步骤。

这两个介入场地的具体方法都可能深刻影响后续的设计。在此我想说，科学客观的调查和直觉经验的想象对场地信息的把握，其重要程度没有上下之分，两者互补，而不是非此即彼的排斥，只是“沉浸”与“全扫”有一个先后问题。

第三个操作步骤可以概括成“锚定”。在经过“沉浸”与“全扫”之后（可能源于其中任何一个步骤，也可源于两者综合的结果），风景园林师需要择取某种场地标识物（indicators）作为锚定的对象。不过我没有打算把“锚定”设置为所有景观设计都得要寻找的指示物，这只面向那些有特征的场地情况。而且，锚定标识物时也没有绝对的选择标准，它既可以是整个场地的风景结构，又可以是某座大型的构筑物，还可以是仅存在遥远历史中的、已经消失的某物，同时，亦可是某根枯枝（图 3.1.6）。

在新山水的理论中，“锚定”是一个不断创造的过程，代表了一种敏锐性洞见。起码，标识物需要充当场地特征的翻译官，它是场地的时空延展体的一部分。

“谋定”是抓取的第四个步骤，“谋定”需要回应前面所有的介入策略，它将前三个步骤的成果综合处理成一幅场地营造计划的全新图景。具体来说，在未

踏入场地之前，不同的策略还只是预备的；在踏入且深入探研场地之后，风景园林师需要做出清楚的判断，处理场地信息和选取标识物，形成一种有效的场地对话。设计师还需要确定场地的干预策略到底是一次性的，还是持续性的；到底是一次建造活动中即可完成，还是需要以分阶段发展的方式持续建设和开发。以上这些都需要在“谋定”中做出决断。

沉浸的直觉性感悟、全扫的科学性记录、锚定的标识物锁定、谋定的交流性转化，这四个抓取步骤能够帮助风景园林师完成与场地的所有互动，进而为后续的方案提供直接有力的基础和支撑（在第3章的山水营造部分，广钢公园的场地处理方式就是按照这四个步骤进行的）。不过，在这个过程中，我们遗漏了一个极为关键的问题：风景园林师如何把四个步骤的内容“记下来”或者“画成图纸”，换言之，风景园林师到底需要依赖什么样的技术手段实现场地的“抓取”（图3.1.7）。

图3.1.6　广钢公园的现场抓取，山水比德，2017年

图 3.1.7　广州白云望南旧村改造，手绘，2020 年

Ⅲ-2

炭笔

境的再现

我国的园林艺术，先是追求“有若自然”，接着是诗情画意的写入，诗人画士大显身手，最后是园林艺术家驾驭诗情画意，园林艺术达到最后成熟……园林与绘画的关系尤为亲密。明清时期的著名造园叠山艺术家差不多都是画家出身，以画家的三昧法通之于造园林叠假山。当时社会舆论也都标榜以画本造园，以画理造园。

曹汛　《中国造园艺术》

2018年去葡萄牙游学考察，同行的李保峰老师（华中科技大学建筑与城市规划学院院长）给我带来很大的触动。在整个旅游过程中，他时时刻刻都在以手绘记录所经历的每一个作品，从周边关系到建筑细节（图3.2.1）。受其影响，我也开始“大炮换鸟枪”，放下相机改由手绘去表达所见，竟然发现这似乎让我们能更加接近建筑师内心的设计原点。度物象而取其意，手绘是剥离复杂后的纯粹表达。纯粹之中，竟更能浮现设计的逻辑。在纸上，寥寥几笔就能写意出整体的环境关系。

这件事让我进一步思考风景园林师手中的笔、工具与设计理念之间的关系。新山水理论的图纸再现想扭转以往的传统认知，要让“炭笔”的表达成为带动思考的媒介，而非只停留在复制想法的理解层面。画图是进入景观的一种有效方式，既是设计的关键表达，又是一种隐含着创造性的行为，关键在于设计师能否加强这种观念。

由此，“炭笔”作为新山水理论的第二个核心关键词是不二之选。

炭笔不仅指涉铅笔、钢笔、水彩笔等在手的工具，所有介入景观的图像性工具，如数字化技术、图纸、影像等再现媒介都是“炭笔”。风景园林师在创造性的思维与真实存在之间需要炭笔实现转化。因此，“炭笔”便内含了一种景观再现（representation，把某物通过图像或语言转化成可识别的事物）的重要性，而且，风景园林师需要深刻认识到制图与设计之间的关联，往往制图对后续方案的影响是景观设计的先决条件。

图 3.2.1　葡萄牙游学，2018 年

手绘

上一节提到造园必先相地，将设计师的我沉浸于场地之间，“度物象而取其真”。但最终，我们还是要将这种身体经验诉诸笔端，跃然纸上。这里值得深思的是，落在笔端的“真”是什么？由山水的沉浸式主张，新山水认为此处之“真”是“境”非“景”。“景”只是自然向眼睛呈现的一块地域，而“境”却不可视作为服从于目光权威的、受其视阈限制的风景片段，而是一种沉浸在生机的世界中所把握住的动态的总体性。

也正因如此，才显出手绘的弥足珍贵。手绘能帮助设计师真正触碰场地。场地是在时间的积累中形成的，纹理都是岁月的痕迹。手绘不能把景观的浓缩时间性全盘捕捉，但能用一笔一画尽力感受着景观的时间塑力。在笔墨的构造下，建筑的细部构造、景观的总体结构，会以更深刻的印象显现在脑海中。在眼与心之间，被绘制的对象仿佛进入了设计师的思维深处。即使离场，那种“缺席”的存在还能通过手指留下的通道即刻唤醒。

接下来的论述主要聚焦于两个批判点：
第一个批判点是，有些风景园林师认为制图只是一个单向表达设计思想的动作。求学时期，不免天真地认为设计师的天职就是画图，背上画板，到处走走停停，感觉特别有艺术家的范儿。殊不知在这种观念的背后，实则是我对风景园林师尚未入门的理解。

乃至刚走入社会，我尚且认为制图是一种被动的表达程序。平面图和断面图的制成，是为了把精心推敲的空间布置和竖向设计表达出来。而效果图则是给甲方汇报的底牌，以此“说服”他们接受设计想法。那时，绘图之于我，是一个表达设计与设想的媒介，展现设计过程，呈现思考逻辑，仅此而已。

涉风景园林一事渐深，让我逐渐认识到制图不应只是一种被动的、单向的表达设计概念的工具，还是帮助风景园林师思考方案的主动性媒介。而且，制图与设计之间应该存有多层的互动创造性关系。前期的场地记录图、方案概念图、平面图，本身就是一个创造设计想法的过程，因此，关于制图认识的加深，使我认定新山水理论的核心概念必须与图纸表达有关。

图 3.2.2　前方的花园（The garden of the anterior），伯纳德·拉索斯，1998 年

图 3.2.3　教堂的速写

曾经看过一张法国风景园林大师和艺术家拉索斯的手绘（图 3.2.2）。当时我对这张图非常地吃惊与疑惑：这张图与我以前所理解的设计表达图完全不同，没有“钻到”图里面，不知道绘图的来龙去脉，旁人没法了解这张图到底在传达什么。实际上，我不关心这个图用作什么，只是它把我带到了重新思考图纸表达的功能属性上。这种无法尽收眼底的效果不正能逆转普通图纸的再现和平白直叙吗？作为设计师，应该如何画出类似的图呢？

第二个批判点是，随着科技进步，手绘原先的作用几乎快完全被电脑制图和摄影取代了，越来越多的人认为创作过程中不一定非要有手绘了。不断推陈出新的作图工具比手绘来得更为方便，手绘的平面图不能修改，鸟瞰图不够逼真，手绘节点图太浪费时间，这些都是它逐渐被冷落的理由。尤其是数字技术在设计领域的蔓延，LIM（建筑信息模型）与 CIM（城市信息模型）等应用技术的成熟性应用和推广，已然实现了数字技术对场地进行精确模拟，形成多尺度高精度信息模型，实现了对场地水文、风环境等专项内容的定量分析。

当然新山水理论不是要拒绝这些设计软件，相反，我们需要积极拥抱新技术，追求道术有恒的设计逻辑，包括公司正在投入研发的智慧山水，都是主动拥抱科技对设计生产力的变革。但与此同时，我们需要谨慎与清醒的是，科技设备没有艺术灵感，并不能够代替人去思考与感悟，不管是在过去还是未来。所以，新山水想要批判的是技术背后的盲目狂热，告知园林设计师手绘在景观设计中所蕴藏的内涵、意义和价值是独特而深刻的。

举例来说，在场地踏勘采用最新技术手段的同时，设计师自身应持续保有对手绘表达沉浸场地时的身体经验。拍照固然是客观记录景观的一种方法，但拍摄者置于外部而非沉浸其间，无法使景观中潜藏的内部力量凸显出来。此时，只有与多样的知觉结合的手绘才能把隐含信息捕捉出来。手绘需要人走进场地的间之中，从内部描绘身体经验（图 3.2.3）。

手绘能增加风景园林师的感受力和思维创造，而风景园林师需要重新审视以手绘为代表的绘图之重要性。手绘与设计绝非两个不相干的、只能是表面上相互发生关系的活动，两者之间应该重新建立更加密切的创造性关系。

再现

接下来，让我们跳出手绘的讨论，进入风景园林学界关于制图的讨论。在广泛的意义上，绘图（drawing）、地图（mapping）、图解（diagram）和效果图（perspective）都属于景观的图像再现的内容。

风景园林史中，图像再现与造园之间的关系很紧密，再现是一种表达的手段，图像再现被视为一种特定的艺术活动。比如沈周的《东园图》和文征明的《拙政园图册》都属于这类图像。在近些年的景观都市主义理论思潮中，再现技术更是被视为风景园林规划设计的核心内容之一。现如今，行业和学术界几乎集体默认再现技术之于景观营造的重要性。不过，哪些再现技术能更加准确且全面地表达场地之全景信息？这个唯一的分歧和争议仍旧存在。

以何种方式转化场地信息在效率上是有差别的。这场争论聚焦的议题是：以地图术为代表的分析性图层法（analytical layering）和以平立剖为代表的投射性图绘法（projective drawings）能否原真地表达场地的各种信息和内容，因为场地的再现程度将会从根本上决定设计的创造性。

有的理论学者认为，信息图层采取了引起强烈情感的蒙太奇手法，使得自然的理念从一处场所传递到另一处，这是无疑的。但是，这些再现技术没有将景观视为一个时空综合体，而且由于相互独立的割裂状态，场地自身的文化异质性得不到兼顾。20世纪末到21世纪初时被看成充满智慧洞见的地图术，已经变成一种标准化的、缺乏独特性的、乏味老套的再现技术。

在这种争论中，我们能够看到图纸再现与设计之间关系的讨论逐层深入。一个可行的解决之策是，风景园林师给予地形（terrain）更深层次的哲学意蕴和诗意性，同时掌握与其内涵相匹配的实际操作方法，才能通过新的设计方法从本质上提升风景营造的标准。在此，风景园林师可选用的新方法是拓扑学（topology）。

拓扑学批判了以地图术所代表的二维分析图，强调地形模型（terrain modeling）的建构，景观本身就是三维的空间，三维的模型能够提供蕴含更多信息的初始自然地形。比如说，拓扑学的再现方法可以充分利用云模型（cloud models），获取到更加详细的场地横截面和高程点，从而让风景园林师更加切身地进入真实的物质性场地中。拓扑学的制图方式让身体与场地之间结合更充分，这将有利于设计师从三维模型中挑取更加全面的、可与后续规划设计策略有关的信息。

一批风景园林师站在拓扑学的对立面。他们不同意这种制图方式，尽力辩护地图术的分层和平面图远远没有耗尽本身的功能属性，仍旧存在价值。一部分原因在于，分层技术确实有深厚的历史基础，自从风景园林学变成一门独立的学科和专门的职业领域，分层再现技术一直是景观规划设计的核心方法。20 世纪初，风景园林师曼宁（Warren Manning）就用这种方法（叠图分析法）处理区域性土壤、地表水和植被分布的基本信息，甚至，曼宁还用它规划了一次美国的国土。

众所周知，分层技术在麦克哈格千层饼的再现技术中得到了进一步的完善，麦克哈格通过此法将自然系统、文化系统和社会系统的各种资源统筹起来进行综合分析，以选取最适宜的土地开放模式。在区域性规划中，千层饼方法策略（Layer Cake）的核心是一套针对土地适宜性分析与环境因子分层分析的地图叠加技术，并且把人类系统（社区需求、经济、人口统计、历史和土地利用）、生物系统（哺乳动物、鸟类、爬行类、生境和植物类型）和非生物系统（土壤、水文、地形、地质和气候）三大系统的各个信息描绘到图纸上，最后将这些图纸相互叠加，观察图纸的颜色深浅，以判断土地利用或环境保护与整个人类与生态系统之间的匹配程度。

由于每个项目都具备自身的文化属性、生态属性和材料属性。各个相互离散的图层的剖析性和分离性能够传递出不同的信息，表达场地的复杂性。因此，图层技术可为更广泛的参与性决策提供基础。

除此之外，知名风景园林师科纳也特别强调“薄薄的”（thin）平面图层中，隐含着“深厚的”（thick）潜力和价值。尽管平面图层是一种抽象的（abstract）、浅薄的、外来的（foreign）图像，这些图像能将高度具体的场地和事物进行详细的解读和分析，然后通过一种创造性的方式，让场地自身的物理形态更加丰富，内在意义更加深厚。

任何技术手段都要服务于设计。在拓扑制图法和分层图层法的激烈争辩中，新山水不偏帮某一派，两派的辩斗只会坚定新山水“炭笔”关键词的决心。拓扑学和图层法皆有自身的优势和弊端，拓扑学技术更加侧重整体性感知和综合性分析，而图层法则更加注重场地的独特性解读和剖析。我们不妨试着将两者结合起来，使之完成技术上的互补，在景观规划设计的某个阶段性过程实现交叉型融合。

补充

在山水比德的最近的项目实践中，我们开始尝试用“全景拼贴”的方式记录场地的信息，而这也是对上述争论的创造性回应。

在前文叙述摄影与手绘的比较时，似乎有些轻视摄影，其实摄影在再现场地上很有效。但关键是，如何有效利用摄影在表达场地和身体经验上的所能?

新山水的理论采取把多张摄影连接在一起的方式表达场地。一般来说，风景园林师只用一张照片表达一帧场地，这种单张摄影受到镜头框景的限制。而人观看景观的时候视野要广得多，而且眼睛连续转动下画面得以整体呈现。因此，新山水理论尝试连续拍摄场地，把被相框分隔的景观连接起来，形成一个全景图。这种拍摄方式既受到英国画家大卫·霍克尼（David Hockney）的摄影所影响，也在建筑师米特莱斯的场地再现图中受到了启发。由相互拼贴到一起的摄影表现某处景观，就能在最大限度上展现场地的信息，让图像的再现更加接近真实的景观空间，这为后续的设计提供更全面的基础，我们在日照白鹭湾的森林公园中尝试运用了这种再现手法（图 3.2.4）。

除了图纸，三维模型对于表达方案同样有巨大价值。计算机平面和图纸上的三维空间本质还是以二维线条和色彩向我们展示。在此，我们提倡使用真实的黏土景观模型作为设计阶段的推敲对象。小型黏土模型能很好地表现景观地形，既能帮助风景园林师建立三维空间的基本概念和具体认知，又能帮助设计师判断材料和形式是否适合特定的项目。

在黏土模型中，一切的景观构造皆可用真实材料（钢材、木头、土壤）搭建，在模型制作的过程中，风景园林师与材料的直接接触可以让设计师真正搞明白自己想要的景观效果是什么，并且获得一个最接近建造状态的景观空间，还能基本规避从一种媒介（比如说，平面性的图纸和屏幕）转换成景观媒介的过程中出现的“信息遗漏”。

稍大一些的黏土模型可以让风景园林师感知自己在空间中的位置，甚至帮助设计师以游的方式穿行在景观模型中（这与后文有关游的解释相互呼应）。一个开阔或封闭的空间是如何突然转弯，这块屏风是否创造出想要达到的空间深度，空间与形式如何自我折叠和转换，两个相反的地形如何实现连续平滑的交接问题，这些棘手的设计问题都可以在黏土模型中得到相应的解决。

模型甚至还能帮助设计师校验出生态过程和形式设计之间的相互转化，在世界风景园林名家古斯塔夫森（Kathryn Gustafson） 和哈格里夫斯（George Hargreaves）的设计中经常能看到模型的使用。比如说，设计师模拟洪水期的水量，以不同颜色标识出不同洪水期的水位，被水流浸润过的模型上便可以留下特定的颜色痕迹，而这些痕迹自然就成了河道岸线设计的基准线。模型在河道驳岸和平台的设计与洪水期的高水位之间建立合理的关系。

从手绘到图层法和拓扑法，再到拼贴摄影、地图术和图解，最后到实体模型的制作。从场地的调查到设计过程的概念图，到效果图，最后到再现，图纸贯穿于风景园林规划设计的各个环节。图纸再现含蕴着景观潜藏的创造力、场地的综合性功能、全景信息，甚至设计创造力。如何激发图纸再现所具有的这些潜力，是新山水的核心理论之一。风景园林师能利用手中的“炭笔”绘制出更美的诗意景观，也是我们所期待的。

Ⅲ-3

铃木王

位置的经营

骑摩托车可就不同了。它没有什么车窗玻璃在面前阻挡你的视野，你会感到自己和大自然紧密地结合在了一起。你就处在景致之中，而不再是观众，你能感受到那种身临其境的震撼。脚下飞驰而过的是实实在在的水泥公路，和你走过的土地没有两样。它结结实实地躺在那儿，虽然因为车速快而显得模糊，但是你可以随时停车，及时感受它的存在，让那份踏实感深深印在你的脑海中。

罗伯特·M. 波西格　《禅与摩托车维修艺术》

20 世纪 90 年代，摩托车是时尚与个性的张扬。对于正在求学的我而言，拥有一辆自己的摩托车是心心念念的可遇不可求，尤其是每次看到张跃老师踩着铃木王在一阵马达的轰鸣之间飞驰而至，帅气的脸庞、飘逸的长发、络腮的大胡子……羡煞了旁观的一众男生。念念不忘，必有回响。毕业第二年，就用手绘赚来的钱入手了人生第一辆摩托车——铃木王。

风驰电掣于无人的马路上，与天上的乌云赛跑，疾风如刃，却又带来莫名的青气花香灌入心脾，万籁俱寂只有呼啸而过的风声，周遭的青黛连绵正在飞速急退……自己像是高尔基的《海燕》，融于天地之间，叫喊着、飞翔着，与万物沉浸，却又在这沉浸之中深刻感受自我的存在。

虽然我的那辆铃木王早已不在，虽然骑行摩托早已成为历史……但过去的这种经历与感受，却透过皮肤浸在骨子里。

这一段经历甚至经由记忆与反思，转译为了一种设计的蹊径与方法。尤其是在向他者讲述风景园林中的身体经验、体验感等主题时的谈资。

运动

为什么铃木王会与新山水理论产生关联呢？它与风景园林设计又有何关系？

首先，坐在摩托车上意味着景观中的运动；其次，飞驰在景观中暗示着景观中的体验问题；再次，人与摩托车进入景观中，说明景观是个时空的综合体，身体的介入，在体验和心理层面上与景观的本质发生内在关系；最后，就运动而言，路线的设定又会牵扯出一系列的风景设计和体验的差异性。

最近的一次极限徒步经历让我更深刻地思考运动与景观的关系。2018 年，受邀参加旭辉集团组织的 133 公里戈壁徒步活动。长距离步行需要极大耐力，与平时漫步在公园里的体验千差万别。当我们突破极限时，消尽身体的耐力、无比饥渴的欲望、沉重疲乏的步子、因精疲力竭而放大的体验会让我们观察到那些容易忽视的存在，真正感受什么是在景观中运动的体验（图 3.3.1）。沿途不断变化的风景、被太阳照得灼热的土坡、每一块岩石和野草，还有路旁的碎片，这些东西其实一直客观存在，但是我们很少会注意到它们。

人、体验、时空、景观，独立的语义借由个人经历的某种语境而因缘际会，便构成了新山水在铃木王标签下的理论关怀。而运动（movement）则贯穿于这几条理论点之中。本节我打算重点讲讲运动与景观的关系。部分原因是，当代景观设计太过偏重静观层面上的视觉审美，而相对忽视动态的运动。在欧美的景观学术研究领域出现过一些思潮：大力批判以如画为代表的静态的、布景式的审美性景观，同时又倡议重新把运动与体验纳入理论与实践中。新山水核心理论的思考需要与国际前沿保持某种同步，这也是新山水维持自身理论的批判性的表现之一。

中国古典园林中早有了“动观”“步移景异”“曲折有致”等语汇，这些理论概念与运动相似，而且太过于深入人心，或许导致了中国风景园林设计没有像欧美那样忽略了运动与体验之间的内在联系。但我们必须更深入地瞭望中国的传统山水世界，才能找到更有效的途径，解答运动、体验与设计。因此，本节将围绕景观的时空综合体、游和运动路径三个方面的内容论述新山水的理论内涵。

0410

图 3.3.1　戈壁徒步，2018 年

时空综合体

将景观定义为一种时空综合体，决定了运动本身内含其中。每种艺术媒介都具备一些独一无二的特点，景观的独特性恰好来自其空间属性和时间性能，这也是景观区别于绘画、建筑、雕塑、文学等艺术类型的根本原因。比如说，在运动属性上，音乐不可能同时呈现给听众，一定按照次序进行，音乐出现虽然依靠物质，但其艺术性偏到非物质那一侧了；而在绘画中，其秩序或顺序只能存在于空间中，而且是同时性的，画面中的各个部分是同时给予观者的（值得注意的是，这种仅指西方绘画，而中国绘画的物质载体决定了其并非同时性，而是以游的观赏方式逐次展开）。

景观作为时空综合体，显然兼具顺序性和同时性的双重特性，但与其他艺术再现和再生产相比，它存在本质的差别。人在景观中活动，眼前既有景，又需等待时间的展开。在此认识基础上，当我们试图以理论指导设计时，便要清楚分辨新山水的理论点（时空、游等）与景观本有属性的关联。理解景观应是之义，这是根基所在，又是探索未来风景园林规划设计实践的着力点。

在尺度上景观不会受到任何限制，即景观没有边界，没有框定（frame）。它与二维的绘画、摄影、围合的三维建筑都有根本区别。阳光、微风、整个环境的氛围包裹着景观，内外无间。这些属性与景观脉脉相通，内嵌于中。光线、气味在景观中可以完全沉浸开来，渗透入人的体验，甚至还能左右我们的思想意识和内在记忆，进而重塑我们的日常生活。

景观空间的尺度无限，其客体宏大性（bigness）最终不可避免地转化成广阔无垠的、覆盖彻底的、迷人蕴魅的主体感受。因此，当我们谈及景观空间，三维空间的尺度、围合和开放的状态并非如铁板一块，更不是纯粹的客体，而是始终渗透着人类的想象意识。设计（或者布置）空间并非操作毫无生命气息的、可绝对度量的建造物（比如说笛卡儿的几何和代数等）。风景园林师起初就要有一种景观空间的现象学意识，即景观是一个无限的实体，在主体的周围慢慢地铺陈开来，从而创造出特定高度境遇化（situated）的存在现象。换言之，景观空间的设计必须要在场所（实际上，场所就是时空综合体）的基本认知和操作中完成，而这一点又回应了“I 溯园”一章的相关论述。

景观涵义需要在时间维度上展开和体验，这是专业里基本的理论共识了。不过我们需要强调，景观的时间性不能被还原或凝结到某一瞬，景观是连续的体验综合体，涉及人体验的持久性（duration）和流动性（flow）。同时，场地的空间属性需要通过时间的沉淀以及事件的叠加等方式层层拨开信息拼贴的考古层。

时间无限连续，因此景观的时间衡量标准可以是分秒，可以是一天、一周、一个季节，或者一个年岁。在空间的无所不包、主体体验与时间的周期性和连续性下，景观的时空概念具有独一无二的特点，这在“游”中能有集中的体现。

游

“游”是从中国传统的审美体验中抽离出来的术语，用来概括景观的时空综合体的本质属性。“游”虽然也在身体运动的范畴中，但提出“游”本身就有一种中西比较文化语境的特定涵义。“游”是中国文化脉络下的思想概念，与西方的“运动”有着本质的区别。在西方观念中，时间只能通过位移和变化获得相应的察觉，变化可以在日夜幻化和季相中观察到，位移则是物体的运动。因此，运动（特别是人在空间的身体移动）便与时间性内在联系起来了。不过，西方的运动模式是从 A 到 B 再到 C 的间隔运动，是不连续的、可分的。但代表运动状态的“游”却强调时间的连续性，注重人在时空中的沉浸式运动。

在中国，“古往今来”意味着古和今根本没有明确的划分和间隔，时间是连续不可分的，始终强调着事物之间的整体性运作。“游”其实就是回归到中国传统的思想体系中，在山水画中，观者或者画中人“游”于二维的平面里，这种游观的方式让观画行为既内化于时间又超越时间。同理，游于园林也会让时间性具化成栖居之态，所谓的可望、可行、可居和可游就是实现山水栖居的特定方式。

在“游”的概念中进行空间性动态体验，计成在《园冶》中说的“拟入画中行”形容得最贴切。园林景物不仅要形成如画般的形态，还要提供空间能让人进入，从而得到动态移动的体验。“信足疑无别境，举头自有深情。蹊径盘且长，峰峦秀而古，多方景胜，咫尺山林”，恰在运动体验的“游”中，由景入境，才是中国园林的欣赏模式。

在空间中移动身体进一步强化了景观体验中时间性的复杂。这种现象可以用动觉（kinesthesias）理论进一步解释：当观者身体穿过空间时，存在着一股知觉（perceptions），整个过程包括肌肉和神经上的活动，它源于外部环境的动态流动。各种运动都可以发生于景观中（奔跑、踱步、跳舞或者漫步），身体移动的步幅和频率改变了各自的意义。

路径

说到此时，关于“游”的解释仍然停留在概念层面上的理论阐释。如何把“游”与风景园林规划设计结合起来，在操作层面上特定地创造性转化，就是新山水理论在实践维度上的关注点。往下，我将介绍两种与“游”（其实在西方的现象学中有着相似的论述）有关的设计方法，以展示景观设计如何在时间的维度下布置和统筹设计，从而让时常被设计师忽视的时间维度纳入景观营造中，这既保证景观维护自身的时间性和空间性不可切分的整体特征，又能丰富使用者在景观中的多重体验。

屏风

第一种与时空综合体的连续性有关的设计方法可以暂且设定成“屏风”。

新山水的设计理论自然不会（更不能）弃绝传统古典园林的遗产。在过去的 70 年中，中国风景园林的时空塑造几乎完全得益于古典园林的再转译，这一套设计逻辑的形成既源于《园冶》、《江南园林志》和《苏州古典园林》等经典文本的直观概括，也源于 20 世纪五六十年代大量关于苏州园林的空间分析（比如孙筱祥、张锦秋、楼庆西、齐康、夏昌世）。从古典园林中提炼出的时空设计方法，一方面能满足时代之需，一方面又能回望传统文化。正因为这两个基准点，中国当代风景园林设计从未在空间塑造上有过任何的犹豫和徘徊。

这套时空设计方法是：通过对比（contrast）创造出相互关联（correlation）的景观结构。这也是为什么在第三节的“间”中会强调关联的理论价值。空间恰是在这些充满张力的关系中获得了自身存在的审美维度和体验维度。大与小、疏与密、仰与俯乃至藏与露等设计手法是风景园林师主要倚仗的武器。诸如尺度、比例和节奏等空间评价标准也是依靠这些手法的灵活运用。设计常用的“起承转合”无非就是上述设计手法的变体，后添加文学叙事上的修辞整合而成罢了（图 3.3.2）。

图 3.3.2　大正水晶森林，郑州，2017 年

在这套设计智慧的基础上，我们试图将景观类比成“屏风”（screen），以期探索更能体现景观时空性和游的设计概念。景观与屏风类似，两者都有不完全围合的空间存在，景观似乎永远处于建筑的墙体之外。准确地说，景观在建筑墙外就再也没有完全围合了。而屏风更是如此，屏风在建筑内部也不能起到全包围。从围合的程度上说，景观与屏风相似，既有围合的状态，又不断突破围合的封闭性。

景观与屏风在空间的功能上皆是一种半遮挡的状态，即“间隔性”。景观空间的设计就是要形成无数的屏风效应。景观时空中能划分出若干个小空间，而这些小空间被“屏风”所界定。屏风不仅起到间隔的作用，还充当一种空间转化的枢纽和转变媒介（这种转换媒介的功能在《重屏会棋图》和《韩熙载夜宴图》中有精彩的分析，而等价到景观空间中可以存在多种独特的表现形式）（图 3.3.3）。更重要的是，屏风还具有一种精神属性（这种属性具有延展性和包容性），因此在景观的次要的、局部的空间设计中，不仅是几何意义上的空间拼贴和拼凑（比如，一个 100 平方米的空间被划分成 10 个 10 平方米的空间），而是带有着精神的格式塔整体性，局部空间与局部空间之间的“屏风”既需要处理物理形塑，也需要强调其精神属性。

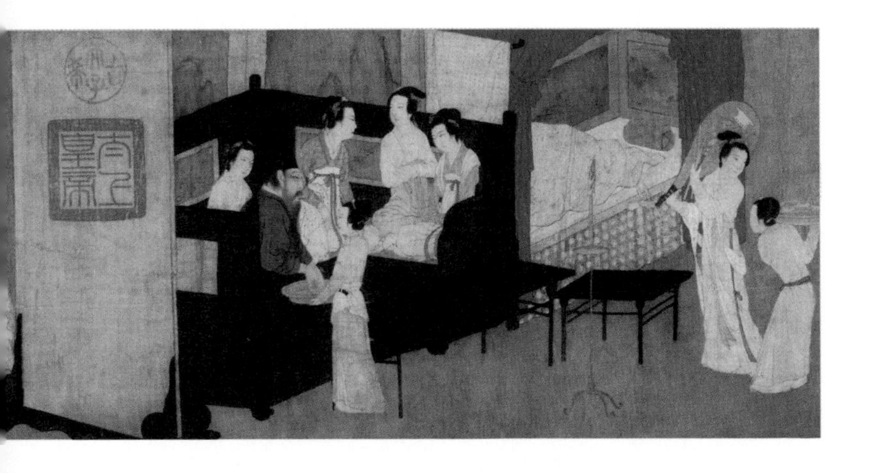

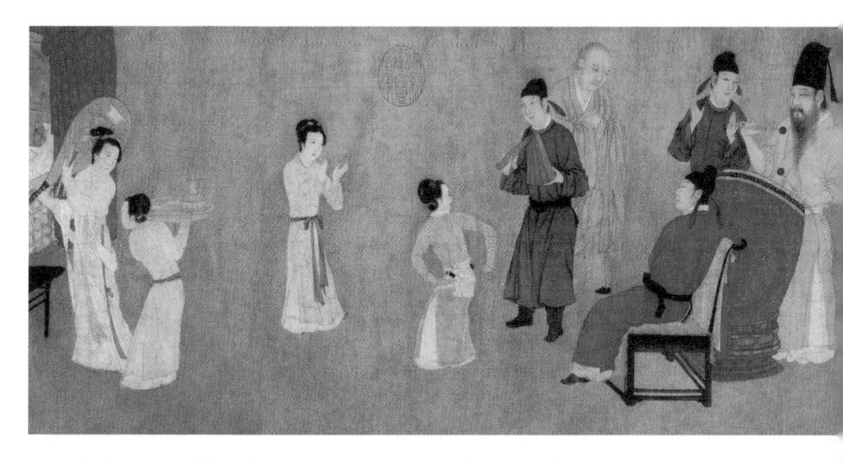

图 3.3.3 《韩熙载夜宴图》（局部），顾闳中，五代·南唐，现存宋摹本，绢本设色，宽 28.7 厘米、长 335.5 厘米，现藏于北京故宫博物院

景观空间的设计犹如在场地中布置若干个屏风，每一个屏风在空间中都占据着独特的场域（field），它能够将其周围的空间能量吸引过来。鉴于屏风的半围合功能和间隔性，景观时空综合体就不会陷入由局部空间机械性拼凑的、完全封闭的、非弹性的状态。屏风与屏风之间可以建立起一种关联，无论是可见的还是不可见的，无论是形式、材料还是拓扑关系。每个局部空间虽然自成一体，但在“屏风”的加持下，在更大的区域中彼此呼应。恰是在法国比较哲学家朱利安的深邃论述中，这种呼应的有序建构才真正打开了接近山水之境的豁口和契机。

屏风蕴含着多重空间层次：它由外框和内画组成，在内画上又可以成为屏风，这样就可以形成一种特定的“画中画”，一种双重乃至三重的空间。回到景观空间，大抵有两处与屏风的这种特性相似，其一，新山水的空间设计关注空间体验维度上的深度。景观空间具备这种空间深度的潜力，但往往因为平立剖的图面表达，风景园林师容易忽略景观存在着多重的空间深度，这种深度主要是感知层面，而非图纸层面。其二，景观空间具有真实与虚幻的双重特点，正如屏风所具备的亦真亦假的视觉幻想，景观时空的设计同样应当把注意力放在真实与虚幻的辨证关系中，以期创造出另类的（alternative）山水之境。

在这部分的叙述中，我不否认以屏风来比拟似乎稍有牵强。不过我的动机是把屏风之于绘画和游之于景观相类，以撬开景观时空设计的多样性。乐观地看，时空的设计手法是无穷的，一切取决于风景园林师的立场、思考语境和目标，比如说，切分（Syncopation）、微型（Miniature）和环视之景（Miniature）等塑造之径，皆是潜在的空间营造着力点。

亨特三径

在史论家约翰·亨特（John Hunt）研究的启发下，本节将提议三种不同的运动类型以照应身体在时空中的移动，这是本节我想说的第二个与运动体验有关的设计理论。这三种运动类型分别是：带有叙事性的游走（Procession）、闲逛（Stroll）和漫游（Ramble），它们都有潜力转化成与之协调的设计路径。个体对于周边环境给予的注意力是有所不同的，因此，在设计特定的景点与动观路径的时候就应该采取有差别性的方法。

带有叙事性的游走（Procession）类似于为了某种特定的纪念活动而设置，人的移动不是漫无目的，这要求风景园林师在设计意图中便构思出起承转合的空间节奏。可能为了纪念某位著名的人物或事件，或者讲述一个有趣的故事，抑或者通过一段具有引导性的路径叙述某个地点的历史过程，从而起到育人警示的作用。空间中都会内置某些特定的信息，比如带着某些符号、象征性的设计或解释性的文字，使得参与者在按照选定路径进行游走的过程中，或明或暗地领会到设计师的创作意图。

闲逛（Stroll）和漫游（Ramble）与叙事性游走截然相反，没有那么强的意图。但闲逛与漫游之间仍然存在很大的不同。闲逛的路径设计能同时存在于两种不同文化的设计案例中，不仅可以在中国园林中看到，也可以在奥姆斯特德（Frederick Law Olmsted）设计的中央公园中发现。闲逛暗含一种在场地中探寻出某种终极目的的意味，从而感受到这种目的所带来的力量。与叙事性游走相较，后者的目的是被设计师强行植入的，而闲逛路径则是为了鼓励游客在场地中发现潜在的意图。

在闲逛路径中进行身体运动，好比音乐家一边来回走动，一边演奏。它既能保证参与者在景观的空间节奏中保持运动之韵律，又能不断给参与者抛出出其不意的惊喜（图 3.3.4）。

而漫游比前两种路径中的运动类型显得更加“懒散”和“随意”。在漫游中游者带着较强的自我意识、好奇心。以闲适的心态进行空间游历，它不像闲逛那种介于节奏和意外之间的运动状态，更不是叙事性游走的那种带有强烈的预设性设计意图。漫游强调一种运动中的愉悦性，路径不一定非要是线性的，也不一定要精心布置。它既可以是一条环路，也可以在环路中开辟出无数条小径。整个路径的设计注重与空间相遇时的瞬时性（spontaneity）、即刻冲动感（impulse）。漫游式的路径能够最大限度地揭示出景观空间的各个面向。

当然了，与“游”的时间概念有关的运动形式以及相应的路径可能有无数种。这里谈及的三种只是新山水理论的几种可能性。故而在操作层面只能提及一些原则性的方法，那些具体而微的唯有在特定的项目中才能展开。

要理解新山水理论内涵，景观、运动与体验的内在关联是重要内容。在三者关联中，本节通过时空综合体以及游的概念对其展开进一步的概念性说明。以屏风和三种路径为探索性的设计设想，在概念和设计之间实现平衡性的论述。最终目的是让风景园林师能够明白景观时空的本质，理解“游”是一种身体运动的多重体验的形式，同时让风景园林师在设计层面上尽可能契合和还原景观与运动体验的真实感，实现居游于山水之间。

图 3.3.4　建业北龙湖，郑州，2019 年

Ⅲ-4

间

山水的嬗变

这个微妙的“间”字，它的写法引人深思，甚至引人遐想：在紧闭而又不完全临近的两扇门之上出现了月亮。根据词源学注解，大门应该在夜里关闭，但他虽被关着，月亮的辉光依稀可见，因为两扇门中留有缝隙，月光可穿透它射进来。缺口也好，裂缝也罢，这种内部疏空令光明得以通行，它也在那些组织着万事万物的连接内部起作用……一日，有人以如下两句咏春诗作为画题：嫩绿枝头红一点，动人春色不须多。在场的画家纷纷落墨，竞相在初萌新芽的植物上妆点春天的色彩，但并无一人中选。而唯有一位画家慧心独具，着手在“危亭缥缈，绿杨隐映之处，画一美妇人”……“众工遂服”。

（法）朱利安　《大象无形》

“抓取”场地的关键信息，以“炭笔”勾勒图纸，藉“铃木王”阐述时空与运动的体验关系，这三者是风景园林设计必须处理的重要理论问题，而如果想要最传神地表达新山水中的核心概念，唯有“间”才足以负有这份担当。新山水理论的使命是确保当代风景园林规划设计能够以传统为出发点，立足当代，更重要的是要实现创造性转化——“间”，以山水的嬗变建构了当代景观创造性转化的路径。

“间”的提出，源于两个现实的窘境：一是对山水的具象理解，二是设计中流于形式的文化回归。

与人谈起山水营造，常会有一种“直译”的诘问：是要做自然山水园吗？是要走曲线风格吗？是要堆坡做微地形吗？……林林总总，不一而足。无法说这样的理解是错误的，但我们所探讨的，却又非“山水以形媚道”的形胜路子。

第二种窘境，更确切说是行业的共性问题。在如何回归本土文化的思考与实践上，由于时间仓促，大家以对古典和本土的“形胜”的创新作为回归的起步，追随古人足迹和心源，将古典建筑、古典园林以及古典文本等原型中的元素予以“沿袭”，掉入中式同质化的窠巢。

两种窘境殊途同归，在一场（新）中式的本土化运动中，虽处处见山水，却始终未得山水。看到朱利安引用的那则故事，心有戚戚然：当大家对于山水的言行不再停留于“在初萌新芽的植物上妆点春天的色彩”，而是慧心独运于“危亭缥缈，绿杨隐映之处，画一美妇人”之时，山水的创造性转化便可实现了。而这便是新山水所孜孜以求，以及“间”所被赋予的担当。

比较文化视阈下的“间”

对新山水的“间”进行一个初步的区分和界定，需要借助其他两种文化中涉及的“间”，方能更准确把握源于中国山水的“间”的内涵。西方的英文词“in between”指的是一种处于两者之间的状态，既在一个事物中，又在另一个事物中，在很大程度上，西方语境下的“间”描述了第三种空间状态，尽管在中国传统山水的意义上“间”也有这层意思，但它显然又比“in beteween”的内涵更复杂，因为东方的“间”与西方的“in beteween”出于两种不同的思维模式，前者的文化含义更加丰富，下文将另作简论。

纵横游走于中西方文化中，日本的“间”显然比西方的“in beteween”更靠近中国山水维度上的“间”，如气、局部的微观性、个体间的互动关系、阴阳等概念，似乎与中国哲学的用语相差无几，从黑川雅之的《日本的八个审美意识》关于间的论述可以看到这种联系。但日本的“间”与新山水想要论述的“间”还是有所区别，这不仅体现在“间”的概念性内涵上，还体现在“间”的论述上。

在《日本的八个审美意识》中，黑川雅之认为“间”几乎无法论述，因为没人能清晰地回答和解释清楚真正的含义。他认为，“间”无法用西方的哲学思想解释（这与新山水的理论立场是相似的），“间”是一种感觉，不可能是理论，也不能从哲学中诞生（尽管在山水语境下的间也具有特定的不可言说性，但我们还是能尝试描述那些可以被言说的部分，尤其在满足新山水理论创造性转化的诉求时，我们反而认为，“间”有转变成理论的内在潜力）。而且，黑川雅之的阐释把“间”视为与“阳”相对的“阴”，类似于一种非实在的、被动的“影子”，然而，在新山水语境下的“间”，却是让阴阳两者处于没有主动被动之分的、非均质的平衡状态，这也是中国与日本文化的差别。

诚然，黑川雅之关于“间”的阐释带来了很多启发和洞见，但这还不是新山水理论想要的那种“坚实”。新山水理论的“间”试图找到更坚实的抓手，以避免宽泛的论述而削弱“间”的内涵。更关键的是，“新山水”的“间”不把其看成缥缈的感觉，而是想要建构“间”的逻辑、层级和它的次级概念。当然我必须承认，关于“间”的思考还在探索（未来，山水比德计划以《间》作为新山水系列丛书中的一本，这需要我们持续、不间断地思考“间”的存在），种种观点仍有待时间的检验与同行的商榷。但我坚信，“间”完全有潜力成为“新山水”之创造性转化的核心概念和设计理论。

“间”来自山水。所以新山水的“间”的抓手就是中国传统精神中的山水，溯山水历史之渊源，品山水精神内在之格，思山水内涵与设计之关联，如此种种共同组成了“间”的当下内涵。

无“间”则无山水

如果要想弄懂世界的本体论意义上的存在（sein）问题，可以借助语言的起源。同样，要想搞清楚某一件事物的本有内涵，那么追溯代表这个事物的词源学会大有裨益。因此，我们先来讨论与山水词源学相关的内容，山水的字义阐释将会牵扯出“间”内涵中相关山水思维的概念。

《说文解字》释“山”：“宣也。宣气散，生万物，有石而高”。“山”之“宣”有一种传播和散布某种氛围的意味，可以是孕化宇宙之气，也可以是带有神秘的仙境崇拜，还可以是万物之灵气。“气”是一个中国传统宇宙论的原生概念，这些具有本体论意义的“气”可以是世间万灵，其中来源之一便是“山”，宇宙天地间的事物弥合恰恰凭借“山”这种由岩石和悬崖构成的高耸的物质媒介。因此，气的概念就能从山的词源中衍生出来。而“水”，《说文解字》释文：“准也。北方之行。象众水并流，中有微阳之气也”。“水”之“准”具有测度基准面的作用，是一种衡量的标准，水也是气的来源之一。山水、山与水，实际上都内在于一种配对性（appariement）。在山与水相互独立的词源学意义上，“间”的某些山水属性已经开始得到显性。

智者乐水，仁者乐山。这大概是我们最熟稔的山水之辞，但孔子语境中的“山”与“水”仍然是分开的，而不是成对出现。山与水在孔子那里指代的是自然山川与河流的人格精神和道德品质。在“山水”真正作为整体之前，山水还没有形成一种“之间”的关系。山锐则不高，水径则不深、山致其高，云雨起焉、水致其深，蛟龙生焉，这些“山”和“水”还处在一种非直接关联的状态。《管子·度地》有“下雨降，山水出”和“雨雹，山水暴出”，这时的“山水”虽然是一个词，但是偏正式的叙述模式，表达的含义类似于“山上有水”，而不是同时指向了山水之间的关系。

在山水从哲学的自然观中独立成纯粹的审美对象之前，有关山水的书写也并非毫无痕迹。《诗经》中的零散景物、楚辞《高唐赋》、嵇康的《释私论》、郭象的《庄子集释·大宗师》等文献对山水都有过描述，皆有助于丰富其自身内涵。而“山水”真正突破，成为一个一体的复合词，是在西晋陈寿的《三国志》中：“吴、蜀虽蕞尔小国，依阻山水”。山水这两个音节一平一仄，平在前，仄在后，它们以十分标准的配对关系出现了。

随后的东晋时期，孙绰的《三月三日兰亭诗序》中“屡借山水，以化其郁结”，王徽之的“散怀山水”，《世说新语》记“此子神情不关山水，而能作文”，《庐山诸道人游石门诗序》亦录：“其为神趣，岂山水而已哉”，《晋书》中多处记载山水，比如：“登临山水，经日忘归”和“与东土人士尽山水之游”，以及山水诗人的开创者谢灵运作的《游名山志序》有：“夫衣食，生之所资；山水，性之所适”。“山水”突然在中华大地上铺开了，这些文献皆表明山水正式出现在文人的视野范围内，它们被当成审美对象。现在进入了一个抒情咏物的全新时期，在此基础上，以山水为代表的中国风景思想逐步确立起来。

在对山水词源学的考据过程中不难发现，山水文化的成熟在深层上的表现其实是“山水”这个复合词的出现，之后才是物化在山水诗画上的表现——“山水”所展现出的一元双极的“配对思维”，真正让山水从各自独立的自然物与审美对象走向了一种宇宙观和文化现象。

但这里需要明确的是，山水视阈下的宇宙运行依赖的基础不是山水本身，而是在山水相互配对的互动机制中。对此，朱良志先生就曾指出，“中国哲学这方面的思想有三个要点：一是相互对待；二是在对待中形成联系；三是在联系中有流动。这一思想深刻影响着中国艺术的发展。”“对待”，语出朱熹，意即相反而并置，对立却又互成，可作为对上文配对关系的进一步注脚。而更为重要的是，我这种配对思维背后所呈现出的三个内涵与次级概念：一元双极、联系、流动。

而“间”便是存于这“一元双极”中的支配着联系与流动的存在，是那两扇看似紧闭却又留存的缝隙，光得以照进予万物以赋形，风得以穿过予万物以运动，山水的深度世界因此而呼吸、释放、浇灌，并被贯透。

对此，不妨认为，无“间”则无山水。正是“间”的充盈让山水从独立体走向共同体。

“间”存于何处

在思维层面上，首先，“间”要继承山水的宇宙内涵与思维模式，来自山与水谁也不可或缺的一元双极。换句话说，我们必须以联动的、互生的、彼此交织的山水思维理解和转译“间”这个概念。其次，“间”还能用来描述具体的空间构成。由于当代都市环境的客观因素，不是每块场地都能近水楼台于真山真水，所以，“间”更强调抽象意义上的山水配对。因此，在新山水的设计理论中，不是必须要有山，也不是必须要有水，山水完全可以被抽象出来进行空间的再创造。再次，倘若进一步延伸作为物质和精神关联体的“间”，它还有转化成另类空间形式的可能。通常而言，作为物理空间的“间”既在山中，又在水中，还同时在山水的交叉边界中，但我们也可以说，“间”既不属于山，也不属于水，它只有在山水叠合的中位空间才是真实实在的。而且“间”没有明确的边界，它总是随着境遇的不同而适时地改变，所以“间”还时刻处于不确定的状态中（图 3.4.1），需要从空间的辩证视角进行审视才能获取其本真。

非此，非彼；于此，于彼。“间”到底应该存在于哪里？当然，我们没必要诡辩说“间”充盈于整个环境。如果更贴近新山水理论的意图，则“间”处于不同事物的汇集边缘，但这个边缘不是一条线，而是一个过渡带。“间”来回穿梭于各个事物，但“大本营”在那个不定型的过渡带中。让我们举个例子来说明，假设把一个空间分成七份，“间”在其中游走，我们抓不住“间”在局部空间的边缘线。不过一旦我们把这七个小空间依次移除，剩下的所谓的“真空”就具备了“间”的性质，“间”的某种余韵、某种空间断裂边界的裂痕、某种能将碎片缝合的能量场。“间”不在事物中，但又靠着事物之间的组合发挥自身的能动性。

“间”强调某种跨越的非占有状态，好像有一种模糊的、半透明的境界。由此，“间”有了很多的衍生概念，比如说，暧昧和情欲。情欲来自连续的整体，而不是某个局部（片段），因为“间”试图造成内部空间的不稳定性和弹性，让空间显现出一种“似是而非”的迷蒙感。这种半透明性可以由某种材料实现，也可以由空间组合实现。半透明性还能表达空间所传递的暧昧感受，不过这种暧昧的感受不是来自日本语境中“间”的阴性效应，而是在不同事物之间来回徘徊产生的。

不确定的间所悠扬出的暧昧性，还能通过一种更加神秘的风景元素得到进一步增强。比如，若是把“云雾”充盈气间，如《老子》所言的“天地之间，其犹橐籥乎”，气息能量所引发的既相逆反又相吸引的氛围，一方面，整个空间本身沉浸在这里；另一方面，这份飘渺的氛围让此时的空间显得更加暧昧。

有了象征着山水的景观要素，有着介于中位的间，还有云雾的气体弥漫其中，处处的“间”渗透出各种无穷的变化，内部充满着张力，作为主体的“我”的思维和意识依赖于山水的结构，同时，“我”的体验又隐于山水的云气缭绕之中，这种无限趋近的仙境，便有情欲的意味了（图 3.4.2）。

图 3.4.1　松· 生活馆，西安，2019 年

图 3.4.2　北京通州当代 MOMA

“间”的操作路径

新山水的“间”不仅要充分认识山水的内在精神，更重于建立一种与设计有关的操作性意识：如何在山水的若干特征中概括出更多的理论，并嫁接难以把控的、飘渺的山水精神，找到物理性的、具体的山水形体间的衔接。从山水这个“魔法球”中，我们暂时把配对性、关联性、多样性、异质性归结到“间”的理论内涵之下（因为事物 / 风景只有在边界和衔接处才显示出自身的丰富性），而且这几个关键词还具有设计理论的指导价值。

如上所述，中国人思考喜欢成双成对，看到山，就会想到水，这种思考模式本质上是通过配对使事物变得贯通融合。山水这组双元词的配对，内含了自身的“关联性”。在西方，能找到对应的概念，即与组合思维（composition）相左的配对思维：一方必须有“另一方”才能前进，但又与另一方成对，对方是它的回应者。

山水之间的共同组成来自“理”（co-herence），贯通道理从而使各种成分相互关联而不孤立：在法国哲学家朱利安的精彩论述中，山“展开”（deploie）水，水使山“生动”（anime）。推而广之，事物与事物之间也要建立一种相互关联的状态，甚至在可预期的设计操作层面上，景观内部的空间和元素之间也应当塑造特定的关联性，以回应山水之间的理论内涵。

谈到多样性。根据调查的结果显示，“多样”（variety）是人们最喜欢形容风景的词语，多样性总是出现在山与水相呼衔接的边界处，那里的元素组成最为丰富，肌理最为多样。无论风景是由多少种因素组成的，但因素之间不是并置的，也不是笨拙的排列，而是以相互不断契合和调整性的关系共同构成了景观，而这些元素组合的最佳界面则落于“间”。

多样性有点像“异质性”（heterogeneity），后者经常出现在各种哲学和艺术评论中。多样性反对同质同向的、无色无味的抽象空间，指向一种综合结构，这便是“间”所承载的空间属性。处于过渡带的间拒绝看似和谐的简单组合，而是向往迥然各异的成分纳入其中，因此，在实际的设计中，间并非天然存在的，设计师应当充分调动自身的天赋和技能，在一片平滑的景观中创造出“间”的情绪和氛围。同时，间的异质性还指向了人与人之间相互兼容而不可替代的性质，间必然拥抱各种不同人的参与。实际上，只有营造这些特点的风景，才能真正地捕获山水的基本精神，才能让人“吸纳”（absorb）到那种处于相关－相反的、处于张力的、有机趣味的“间”之中。

因此，山水营造的根本意图是诗意的栖居，而这正是“间”在新山水理论中的实际功能。山水从两极之间“绽开”而产生世界万象。能使万象集合而凝聚，并使其涌现于可感觉的事物当中，在高地之间，在静止与波动之间，在不透明与透明之间，在固体与液体之间，在看见与听见之间……这是真正意义上的山水。整个世界和大自然都在山水之“间”敞开，山水组成了基本框架。在此，生活的宇宙与想象的宇宙，都在“山水之间”萌动、演变、想象和感知。

总体来说，“间”从以山水为文化基因的源代码出发，通过概括和归纳抽取特定的概念，然后进行整合，进而尽力转化成某些可操作的设计方法。在空间形体的层面上，“间”处于一种跨越不同位置的、半透明的、既在那里又在这里的状态；在感知层面上，“间”又是一种模糊的、朦胧的、充满情欲的氛围；在其概念层面上，“间”是山水精神创造性转化成新山水的理论载体；在设计层面上，“间”所容纳的关联性、多样性、异质性和亲密性都有景观营造的操作价值；在目标的维度上，“间”是风景园林设计理论指导设计期望打造的生活栖居。只要在特定程度上实现了关于“间”的创造性转化，这个景观就具备了山水的特征，人就能在感觉上沉浸于山水环境中。

Ⅲ-5

过程性

时空综合体思维

（规则的两极互补）就引发了空间的互动和变换，这正是阴阳之道所在。这种两极化同时也营造出建筑物与地势之间的和谐。用这种方法，一个花园就反映了整个宇宙普遍而微妙的和谐法则。在园林设计之中，秉承着“道”的设计理念的人们会对自然演变进程有着更深刻的感受。

杨茳善、李晓东　《中国空间》

源

游于天地中，浸入山水间。人在景观时空中悠悠漫步，在时间的维度上这种存在状态才能延展开来，上文提及的三种运动的路径设计便是回应此点。“游”中的时间本质指向了过程性，换言之，山水之间传递出关于过程性的理论关怀。

英语的 landscape 和法语的 paysage 的原意是：观者视觉中被局部剪裁出来的一片大地景观。这与代表相反事物之间关联性的中国山水就区别开来了。正如在“间”一节所言，山水起初不是视觉感官的印象，山水强调对立元素之间的无穷互动。世界万物都是以山水 / 阴阳为原型而生成的。在山水之间，没有像欧洲文艺复兴时代那种掌控一切的主体存在，也没有孤立存在的、丢到人眼前的客体，山水以两极之姿使世界因张力而拓展开来。

山水能让万象集合而凝聚，在静止与涌动之间，在高处与低下之间，在透明与晦涩之间，不再有“呈现于眼前”的“大自然”，因为“大自然”只不过是两极之间持续的互动过程。这个过程性不是上帝 / 施事者推动的，而是本源互动的（interactive）。这个过程的参与者没有一个终极目的，而是可能随时随意地介入。在山水之间，古往今来各种力量都连绵不绝，永无休止。因此，山水之间展开的事物本质，总是内在于生活世界的过程性和连续性（continuity）。

当下，“过程性”与“连续性”已经成为热门术语。这两个关键词虽然是由山水“萃取”出来的，但内涵却更为丰富，既是一种有关时间的描述（与“游”于时空综合体有关），在生态意义上还关乎有机系统的演变，甚至还能过渡到空间意义上景观与建筑的关系。在新山水的理论概念中，根据过程的连续性的本义，我想提出三种与设计操作密切有关的思考。

生命体的形状

第一种过程性的理论内涵与时间性和生命形式（life form）有直接关系。具体来说，指一个项目需要在分时间阶段（phasing）的规划模式下进行。这种规划思维在过去 30 年已经成为普遍共识了，概括而言具备两大特点：其一，任何景观演化都要在时间中展开，景观如何在阶段性的时间过程中（以日、月、年为度量单位）逐次呈现，这种阶段化的考量是风景园林师着重关怀的。其二，景观的自然系统随着时间推移会动态发展，一个生态系统必定有群落演替的过程。其三，人们的活动状态和各种功能设施的建设可能根据其社会经济条件的需要因地制宜地分批进行，而且场地的使用情况和具体体验在时间的过程性中会出现各种不同的需求。至少在总体层面和生态层面之外，功能的规划也需要考虑阶段性。

从 20 世纪 80 年代的拉维莱特公园的国际竞标开始，库哈斯的方案就显露出这种倾向。1999 年纽约清泉垃圾填埋场的方案中，采取的设计策略就是阶段化的演替法。在此，规划设计不是要构思和建造出一个不再变化的固定物，也不排斥景观在未来演变过程中的诸种形态。反而以时间阶段的划分方法充分考虑景观的未来生长，允许各种自发的、不确定的变化。在库哈斯的方案中，演替法很明显注重了植被和生物生长所具有的时间性塑力（这里既包括生态层面，又涉及审美层面）。

演替法的基础理论支撑实际上是让自然做功。植物群落在未来的一年是什么状态，五年后又会变成什么样，15 年呢？会不会彻底改变原有的格局？选哪些适合的速生树种，哪些树木应该适当砍除，哪些活动场地应该保留，哪些活动空间和休闲设施可能在第 N 年完善，土地价值和社会价值如何与景观的发展过程协调一致，这些问题都需要确切的设计方法加以确认。

2000 年加拿大政府举办了多伦多近郊的当斯维尔公园（Downsview Park）的国际竞标，各路大师竞相追逐。最终入围的五个方案尽管亮点各异，但其共同特点都是以分阶段的规划远景作为核心策略。面对已严重退化的自然系统，设计者希望通过对场地最少的干预，使公园逐步改善。

在第一阶段中，设计师们没有建造新建筑，而是致力于土壤修复和植物种植。等到公园中自然体初具规模，再将公园的土地增值资金（如植物种植和土地租赁带来的经济效益）用于建造新的建筑和基础设施，形成资金的良性循环；第二阶段，建设公园的基本道路和部分场地活动项目，逐步改造原来的工业建筑和军事建筑；第三阶段，开始深化完善整体项目，植入形式丰富的体育、教育、文化、自然活动场地。当斯维尔公园设计者颠覆了过去一次性成型的设计方案，先种植、后建设，以公园自然生态系统的恢复、更新和演变为时间轴，逐步引入人的各项活动，景观也随时间和功能的变化而不断变化。这个项目灵活地运用阶段性策略，展现出的动态性、开放性、不确定性的解决方式，以及产生的社会效益和经济效益，尤其值得我国新城开发中大型城市综合公园借鉴。

再比如哈勒摩尔项目。首先整理土方工程，把排水系统和抽水系统安排妥当，充分考虑未来的水容量，保证内部水系统形成初步的自我循环。在最初的两年中，首要策略是让场地内长满植被，形成一个初级的生物群落。再次，通过五年的时间打造旱地树林以及湿地景观，分批且适时地引入不同数量的人群进入公园，逐步形成一处可供休闲活动的生态开放空间。最后，经过十几年的发展过程，场地内的生物群落逐步趋于稳定，建筑设施和硬质的道路系统再介入公园内，从而与先行一步的自然系统构成一个整体景观。

在这两个大型景观实践中，灵活展开分期实施的景观设计策略实现了巨大的成功。公园是自身生长出来，而非种植而成的；公园的功能不是由风景园林师完全预设出来，而是借助参与其中的民众根据自身的需求逐步确定下来的。

借着这些方案的积极探索，再回到山水本身蕴含的过程性的理论内涵。新山水的实践探索也特别注重景观项目的分阶段设计策略，充分考虑景观在周期、生态植被和功能设施的时段建设。广州的广钢公园竞赛中我们就以“过程性”为概念，在废弃钢厂的旧址上展现超越生命长度的动态性过程（在这个环节，方案以“抓取”触碰这块历史信息丰富的场地），一方面，充分尊重场地的自然演变过程；另一方面，以场地的演变肌理为蓝本，进一步将文化和功能融合到场地的生态演变中去。

在广钢公园的规划设计中，我们将工业遗址比喻为一种有机生命体，采用分阶段开发的策略，使其在适应环境变化的过程中存活并实现自身持续稳定的繁衍。将弹性思维贯穿于设计、建造、维护及未来发展的各个阶段。考虑公园未来发展的各种不确定因素，以“时间生长”的过程理念，将公园开发分三个生长阶段进行，增强公园适应环境变化的能力，即使公园未来受到新的干扰，仍能保持自身功能，并且不断衍生发展。

第一阶段，重塑生态，回归自然。我们首先梳理场地的生态肌理，强调生态基础设施的建设，采用透水铺装、植草沟、雨水花园等措施修复场地生态。将原本场地中部的低洼地改造成大型雨水花园，人行桥与栈道穿插其间，相对平坦开阔的西部地块及零散的绿地则改造成多功能草坪，割裂的工业地块得以重整，为市民提供绿荫与活动场地。第二阶段，传承使命，重塑广钢精神，遗址在公园中生长。以“广钢精神”为轴，保留改造了 8 个钢铁炼造节点，以展示钢铁工业生产工艺流程，传承和诠释工业文明。设置时间故事线和雕塑情景线两条线路，对广钢的发展历程、“钢铁工人”的奋斗故事进行再述与精神传承，重现“钢铁精神”与“奋斗人生”。第三阶段，回归生活，让场地回归广府本源，文化与公园共生。以多种形式将广州本土文化融入公园，改变工业遗址与本土文化割裂的现状，让广府生活品位在广钢公园里蔓延，唤起市民对遗址本身的认同感和归属感。我们通过触摸场地肌理，了解场地性格，搜索标识物、记忆情感物，创建出持续性长期主义的作品。

连续折叠

第二种与过程性的理论内涵密切关联的概念术语是“连续性”，准确而言，是把建筑和景观当成一种连续综合体进行设计。不过我们必须知道，如果想在连续性的理论旗帜下进行景观设计，远比第一种的分阶段策略要难得多。这里，我们可以参考风景园林设计史中的一个经典案例，参考优秀的案例可以启发新山水设计创新探索。该方案设计于 1990 年，是由美国建筑师埃森曼 (Peter Eisenman) 和风景园林师欧林（Laurie Olin）合作而成的雷布斯托克公园（Rebstock Park），为了实现连续性，设计师们利用折叠（fold）的方法连接大地景观。

在雷布斯托克公园的方案设计中，埃森曼和欧林运用折叠克服两种静态的传统都市设计面向：图形（figure）和地面（ground）。在这个设计中，他们把折叠作为一种整合性的设计原则和方法。折叠既非图形，亦非地面，而是兼容两者的工具，能把地面上的景观和图形上的建筑物整合到一个连续的综合表面上，折叠创造出一种连续的、重复的大地表面和建筑组团的综合体，代替了传统城市设计和公园设计的矩形构型，城市结构中的经典“图底关系”消融在一个折叠式的连续体中。

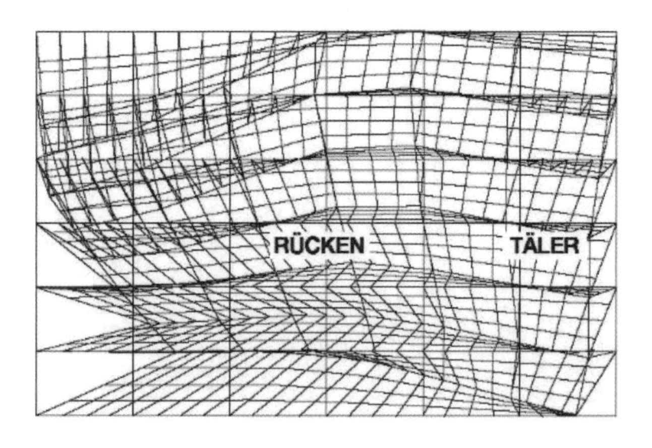

图 3.5.1　雷布斯托克公园的生成图

折叠是一种高度抽象的策略逻辑和形式法则，下面将分六个部分简述一下操作原则（图 3.5.1）。

（1）雷布斯托克公园所在的场地是不规则的多边性，它被置于一个较大的矩形之内，而且该场地的周长线与外围设置的矩形边界之间保持内切的关系；

（2）根据托姆（Rene Thom）突变理论（catastrophe theory）中常出现的数字“七”，设计师采取七条水平线和七条垂直线将这个外切于场地的矩形划分成 36 个等大的小块；

（3）同时，这些由六乘六的总和（一共 36 块）构成的小矩形将雷布斯托克公园完成了切分。由于公园的场地是不规则的，因此第二块小场地（the second raster）被扭曲成一个二维的网络，而且在这个扭曲的网络中具有连续的曲度（curvature）。每个相连的网格之间的切分点就能连接起来，在此，设计师便能通过此法生成出一个折叠的、三维的形式；

（4）三维网格的高度是人为设定的，由建筑师根据地面最大高度的坐标划定而成。依据突变理论得来的图解（diagram）能够继续促成网格的进一步发生折叠。值得注意的是，这一步并非生成完全逻辑的法则，设计师的主动创造性将以任意的方式干预形式的最终形态；

（5）类属的（generic）、矩形的建筑形式被投射到三维折叠的网格上，从而赋予它们一种梯形的形式，即整个公园和建筑物组团的最终折叠形式；

（6）最后，建筑师通过将三维网格上扭曲的相交点再投射到水平面上，从而可以绘制出建筑物的边界和街道、路径的边线。

通过折叠的方法，埃森曼和欧林成功地在建筑物、景观和大地之间建立起连续的图底关系。尽管这种折叠的方法太过“逻辑化”，以至于遭受人文主义的持续攻击。然而乐观地预期，这种创新的设计方法论确实可以实现建筑与景观之间的连续性，这种设计方法是“可持续的”。不过，新山水理论还在继续追索，是否还有其他类型的连续性？

地形学的故事

近年来，建筑与景观之间的关系再次受到重视。莱瑟巴罗的著作《地形学的故事：景观与建筑的研究》中文版出版以后，更促进了两者连续性的相关思考。景观与建筑分属两个学科的事实让人烦心，一种观点认为景观和建筑的本质不同，需要不同的理论核心和实践类型；另一种观点认为景观与建筑是一回事，两者具有很多的相似性。因此，出现的第三种声音就是希望在两者之间取得辩证，既具有差异又分享着差异性，毕竟两者在主题、框架和场所等话题上都有交集。地形学（topographical arts）这个术语可以用来概括景观与建筑的主要任务，而在地形学的探讨中，连续性（当然也涉及时间的展现等）成为建筑与景观彼此建立密切联系的突破。

实际上太多的经典设计，建筑与景观是结合在一起的。我在葡萄牙游学时，看到早已神往的由西扎设计的帕尔梅拉浴场（Leca da Palmeira），当时的第一感受是：建筑与景观之间在任何维度上都处于一种最大程度上的完美结合。那种浑厚，好像这个浴场是从岸边的地形中长出来的。这种类型的设计佳作在现代建筑史中不胜枚举，巴拉甘的庭院与房子，巴瓦的庄园，路易斯·康的萨尔科研究院（Salk Institue），还有努特拉（Richard Neutra）在加利福尼亚州设计的房子等。回头想想，无论是颐和园万寿山南面的建筑组群，还是拙政园的池岛与雪香云蔚亭、远香堂的空间组合，抑或是杭州西湖畔的西冷印社那随山就势的建筑处理方式，中国传统营造不也正是景观与建筑取得和谐一致吗？中西的建造智慧皆表明建筑与景观应当同时朝着地形学的目标迈进。

古典园林营造中，《园冶》的兴造论主要为造园立法，其核心旨趣可以概括成如何在咫尺之地把园林的各个要素恰当地“安插”到基地上。再进一步说，造园中巧妙排布景观与建筑的终极目的是重塑山水意象。晚明邹迪光在愚公谷的园记中说：“园林之胜，惟是山与水二物。无论二者俱无，与有山无水，有水无山，俱不足称胜，即山旷率而不能收水之情，水径直而不能受山之趣，要无当无奇”。在各种目标与手法的逻辑关联中，山水、园林、景观、建筑、地形学和连续性就能建立一种有关新山水理论的设计内涵。

山东日照的白鹭湾景观营造中，基于上述的简论，我的理论出发点就是重塑大地，以及在建筑与景观之间取得内在的连续性。在这个方案里，如何把居住区围合的场地打造成一片起伏连绵的地景，如何把运动、休闲等功能纳入具备整体性的地表中，如何让场地内部的景观设计与美术馆（著名建筑师张珂设计）形成有效的对话，让彼此在形式和空间上实现互通，这些都是以地形学中的连续性作为理论支撑的（图 3.5.2）。

本节从山水精神的内在属性出发，引申出“过程性和连续性”，后在过程性中以时间性为支点，进而一方面以分阶段的规划策略为设计操作法，一方面以折叠为设计方法论，共同回应新山水的理论内涵；从连续性的角度引入地形学的概念，再以景观与建筑之间的关系入手，说明这种理念与传统中国的建造智慧和西方现代建筑设计之间的内在关联，最终强调过程性是一个值得继续深入探索的核心概念。

图 3.5.2　日照白鹭湾社区公园，2020 年

Ⅲ-6

失控

自由山水的设想

“执中无权，犹执一也。所恶执一者，为其贼道也，举一而废百也”。也就是说，一旦我们执于（某个立场），一种“我”便固定胶着了，其行为举止边陷溺于陈规，某个命令或者“必须如此”就稳固了，因此圆满失去它的宏大，人就不再调和，人对出现的多样性就不再反应。“虚位以待”就像没有安排的内心情境，可向多样性开放并与“时机”对应……“虚位以待”正是一种没有固定安排的安排，非原则的原则，它打开了一种与万物秩序和谐的关系。

（法）朱利安　《从存有到生活：欧洲思想与中国思想的间距》

不确定性

对人类社会的历史而言，生命的持存和不朽始终是最大的确定却又注定充满着不确定性。在时间长河的上游，人们的不确定性主要来自危险的野兽、恶劣的气候、疾病、其他部落的攻击等，而现代人的不确定性更多来自亲密关系、社会结构、经济形势的起落、健康问题、气候变化等。一切都在变化，没有什么是坚固不朽的，失控好像是常态。

但失控在新山水理论下并非是传达悲观的情绪，相反，“失控”一词更能够体现风景园林规划设计的具体策略和方法。在新山水的理论中，失控可以描述成：景观的设计由“过程性”的概念进一步过渡到“不确定性”和“流动性”，不再固守空间功能，也不把设计的视野局限在尺度和范围内，而允许各种意外力量和因素的参与。景观的谋划要超脱出既定的边界，统筹地考虑，甚至某些设计误差也要视为另一种“积极”的因素，成为景观设计的必备组成部分。

在本节中，失控的理论核心被设定成不确定性（indeterminate）。我们拥抱不确定性，而不是对它产生惶恐和抵触。从意识价值的层面上认识不确定性的属性，从而在设计中一方面创造不确定性（同时还包括体验层面上的不确定），另一方面又把在设计营造过程中遇到的不确定创造性转变成有利的设计。这些是失控之于新山水的基本涵义。

回到山水的基本精神上，无论当作物理环境还是单纯的抽象，山与水都始终强调保持一种内在的动态（即上节讨论的过程性）。在山水的流变中，尽管我们看不见，但事物会按某种规则运行发展，且在未来保持总体和谐。不过整个过程必然充满着各种意外和突发。简单地说，在通往终极美好的山水互动中，不确定性是内在其间的。而且恰是由于这些不确定性，才能在更大维度上有山水的整体和谐。所以从这个意义上讲，山水精神一定会把不确定纳入自身。

秩序是人类社会正常运行的基础。长久以来，我们俨然已经习惯于和平社会的井然有序、生活工作的按部就班，国家和社会所塑造的难得的稳定太平让我们以为这是永恒不变的常态。人们似乎对“不确定”有些陌生了。而年初突如其来的一场病毒，上到国家，中到省级，小到社区，由疫情导致的上亿人的集体禁足，再次把不确定性的时代特征展现得淋漓尽致。不安充斥了2020年的春天并持续到当下乃至不可预见的未来。如何启动应急措施，如何在不稳定的环境中有序重启，我们再次重审不稳定本身的应有之义。哲学命题“我是谁？我从哪里来？我要到哪里去？”再度被唤起，现实倒逼很多人对“如何存在于地球上”这个命题又开始反复思考。

此刻“不确定性”再次成为社会时代和思想意识的主流关键词。从马克思的政治经济思想到后现代的思潮，一切固定的东西都烟消云散了。疫情拨开了那层“安稳”面纱，都市的流动性、企业组织的扁平化、信息的交换、全球时空的压缩等，无一不显示出我们生活在一个不确定的时代中。很多时候，不确定不仅是外部世界的客观事实，还是一种有关理念的思潮。

动态设计

20 世纪初的建筑和城市建设领域，专业内都信奉确定性的规划设计方针，认为理性和科学的方式能够从根本上改造、提供宜居的都市环境，比如勒·柯布西耶的光明城等。然而，这种刚性的乌托邦很快受到批判，无论是韦伯，还是西美尔，抑或列斐伏尔，他们的论述都意在指出这样的都市空间冷漠如冰，以货币和市场为标准衡量的都市，人与人之间的交往也出现了“冷漠症”。现代主义的乌托邦都市营造不但没有让 20 世纪的人类生活变得更美好，反而让传统熟络的社群邻里关系变得疏离与淡漠。

大家耳熟能详的雅各布斯（Jane Jacobs）就曾经对美国当代的城市建设和规划做出抨击，她认为城市功用集中体现在多样性和包容性之中（diversity of city uses），这里的多样性和包容性实际上就是在强调空间规划设计的不确定性。

景观都市主义的理论其实宣告了不确定性已经成为当下风景园林设计的主流。这种理论风尚以动态性、流动性和不确定性为旗帜，以都市和景观的协同发展为目标，创造出具有弹性的城市景观。但我们又不得不面临那个老大难的问题，即理论与设计的创造性转化。因此，回望经典设计又成为新山水与设计之间转换的催化剂，从严格的意义来说，真正在操作设计层面上把不确定性这个思潮转成具体空间的案例，还要追溯到屈米设计的法国巴黎拉维莱特公园。

在拉维莱特的设计中，叠加（juxtaposition）是实现不确定的主要手段。如果说上节所言折叠的操作界面是相对封闭的系统，那么叠加（或称为并置）更加侧重处于相对开放的系统中。与此同时，倘若说叠加试图将景观空间作为一个连续的整体结构进行处理，那么叠加则试图把景观空间视为一系列可分解且再重组的结构来设计。

叠加所处理的对象是景观空间中某些可分解的元素、形式、组团、结构，将这些零散的景观构成（formation）相互叠加，最终生成一个既开放又封闭的景观系统，这个系统的核心特征就是不确定性（注意，在炭笔中叙述的图层法就是通过叠加方法把不同的图层实现相互并置）。在此，作为景观空间设计方法的折叠与叠加相互补充，相互联系，共同从内部和外部两个层面补充新山水的设计操作法。

屈米在拉维莱特公园的竞赛方案中运用的“点、线、面”的空间叠加法，堪称风景园林设计方法的标杆。该种空间叠加法采取彻底重建的姿态处理场地。首先，设计师可以预设三种类型的空间类型：点、线、面。点空间可以设置成若干米见方的立方体（在拉维莱特公园中，点空间指的是众多红色癫狂构造物的点状系统）；线空间可以是一些景观的实轴或虚轴（在拉维莱特公园中，线空间指的是围绕公园的散步道和林荫道的线性系统）；面空间是体积更大的几何造型（圆、椭圆、三角形或梯形皆可，比如广场和水池的面状系统），而且这些空间类型都对应着固定的功能和活动事件，它们彼此保持着各自的空间意义，互不干涉。

当设计师通过叠加的方式将这些空间类型并置且彼此发生混合的时候，不仅涉及不同图层间的相互叠加，更关键的是，点、线、面上附带的空间功能和活动事件也必然发生叠加。相互独立的体系由于叠加而彼此发生了冲突。最后，点状构造物和线性林荫道彼此交叉、混合和干扰，水面上突兀地树立着一座钢琴吧，混合空间的属性亦会发生相应的变化，预想不到的空间事件在矛盾、冲突、干扰的作用之下转化成某些值得期待的惊喜，或者不可期待的结果。通过不同空间类型的相互叠加之后，可能生成一系列不确定的、偶然的功能性活动事件。换言之，叠加的设计方法意欲打造空间的理论前提是将景观视具有不确定性的“程序”（program）进行操作。

屈米叠加空间把功能打碎之后再任其不确定进入空间，从而形成各种不可预判的、“时空的”事件，我把这种设计方式叫作反向叠加法，还有一种正向叠加法：通常的做法是将景观空间分解成多种空间类型（包括任何形态的层级结构和形态），风景园林师再将特定的功能布置到独立的空间层级上。通过正向叠加这些空间类型以及相应的功能，整个景观空间的功能既能得到丰富和整合，还能保持各自空间层级上的功能独立性和包容性。信息便会在持续不断变化的几何形式中流动，整个景观系统就会变成有机的、自发的系统，维持自身不确定的、开放性的弹性系统。

以叠加其中的一个图层为例，设计师设置各种可能需要的线性空间，这些线性空间的尺度具有充分的弹性，可根据承载的具体功能而变化，也可以在未来发展中根据实际容量需求而改变。比如，原本的休闲活动带的宽度可能是几十米或上百米，而跑步带或许仅有几米宽，但在不确定的发展预期中，休闲活动带可能拆分成适合各类人群的活动广场、带状绿化和漫游小道，而跑步道可能改造成功能更加丰富的绿道。

无界设计

由不确定性的理论关怀引申出风景园林还应当追求一种开放的、动态的、流动的景观系统。传统的风景园林学假定的处理对象具有明确的范围，设计的构思和处理方式主要聚焦于场地边界之内，然而，作为一种设计操作的“无界”（Without Boundary）试图表明景观规划设计应当超越其物理边界的限定范围，从而将有边界的场地纳入无界的周边区域中综合统筹，只有通过这种手段，才能把局部景观纳入更大范围的连续的综合体中，以实现物质和能量的交换和人类的休憩活动等需求。

无界的本质存在一个尺度转换的关键问题，在风景园林规划设计中，大抵可以归结两种具体的设计操作法。其一，在设计尺度上，无界强调场地周边的环境条件会直接或间接影响场地内部的设计。比如说，一个小型街头绿地（或者社区尺度的公园绿地）的设计断然不可能因其尺度的狭小而陷入玩弄造型的封闭审美系统，这片绿地的入口、空间功能以及布置的设施皆应考虑周边的居住环境以及可达性等问题。故而，即使设计对象的边界是确切无疑的，但是风景园林师必须具有超越边界而思考更多潜在的社会文化环境，并将这些环境条件转化成与设计密切相关的策略，让设计对象与更广阔的都市环境建立系统性联系。

图 3.6.1　前海大道规划设计提升，深圳，2019 年

其二，在规划尺度上，无界同时强调社区尺度、都市尺度、区域尺度甚至国土尺度上的连接性和系统性的规划路径。究其根本，在某种意义上，无界是扩大版的绿地系统规划设计。唯一的区别在于，无界所依仗的技术手段更加精密，所了解的生态和社会知识更加全面。比如说绿道系统的规划设计（波士顿翡翠项链，以及民国南京首都规划中的绿地系统）都是无界法的表现形式之一。

如果要总结出无界的理论性特点，我认为连通性基本上可以传递出其内在涵义。人需要走动，动物需要迁徙，能量需要流动，风的流动也需要通道等，我们风景园林人常谈的“斑块、廊道和基质”的本质也是连通性。在山水比德文旅院做的深圳前海大道的景观提升上，我们就以连通性作为最重要的设计策略，在重塑前海大道的文化寓意“一滴水的起源”的基础上，着重处理街道转角的灰色空间，合理安排前海大道的自行车道和人行道的连通性，处理街道与建筑广场之间的空间转化等（图 3.6.1）。

参与式设计

除了在都市和景观设计的层面上强调不确定之外，新山水理论还试图把不确定性注入游者的体验层面上。这方面的经典案例可见 West 8 事务所设计的剧院广场（Schouwburgplein）。这个广场空间被设定为都市舞台和剧场，各种生活剧目争相上演于此。广场设计没有采取消极的策略，也不是不考虑参与者的基本行为诉求，然而，整个空间的“非指定功能”恰恰为无数种潜在体验提供了前提条件。参与者之间的互动完全处于开放状态，跳舞、踢球、跳绳、日光浴都是潜在的功能类型，广场的景观空间属性每时每刻都在发生着变化。

更重要的设计点在于，广场中还设置相应的感应装置，随着游客的参与，广场的灯光和机器臂都会随之改变。在此，重编功能法试图让空间的功能方面变得更具弹性和灵活性。在山水比德的实践中，很多方案也在利用数字化技术实现人与景观之间的互动，这种互动带来的体验不仅局限于视觉，而是在触觉的作用下，景观会发生意想不到的概念，只要身体与某个按钮发生接触，水体就会喷涌而出，或者，某种带有教育性的声音会冒出来，景观不再处于一种稳定的外部空间，而会随着游客的介入直接发生参与性的戏剧变化，我们把这种设计看成是带有不确定性的体验效果（图 3.6.2）。

无论从社会的时代特征，还是思想文化的角度，新山水由过程性和动态性过渡到不确定性的理论坐标中，新山水的设计策略试图探索一种舍弃终极的、完整的、永恒不变的、可完全预判的景观模式，转而强调一种随着时间推移不断产生变化的、超出规划设定的景观类型。尽管形式和空间的物理性必须通过建造行为才能实施出来，但新山水始终认为不确定的设计方法非但不存在任何的矛盾性，反而在未知性、偶然性的开放过程中不断探索新的存在形式。

图 3.6.2　阳朔凤凰文投山水尚境，山水比德，2018 年

自由山水

本节的最后，我想借用 2018 年威尼斯建筑双年展有关“自由空间”的宣言，做一个关于不确定性的注脚，更是对于自由山水的线性思考。

自由空间赞扬建筑有在每个项目中发现意外的慷慨能力——即使在最私有、最具防御性、最排外或者最具商业性限制的场地条件下。

“自由空间提供了一个强调大自然带来的免费礼物——阳光和月光、空气、重力、材料——自然和人造资源的机会。自由空间鼓励对于看待世界的新方式，以及为这个脆弱星球上的每一位居民提供幸福和尊严的新对策进行再思考。自由空间可以是一个机会空间、一个民主空间、一个没有内在功能和免费提供未来设想功能的使用空间。”作为本届双年展的策展人，来自爱尔兰 Grafton 建筑事务所的 伊冯·法雷尔（Yvonne Farrell） 和谢莉·麦克纳马拉（ Shelley McNamara）（同时也是 2020 年普利兹克建筑奖获得者）对于本届主题“自由空间”做了如是解读，认为人们和建筑之间应当有一种交流（即使不是有意为之或事先设计的），即使在建筑师脱离了对场景和事件的设计后，建筑依然会找到与人共享和互动的方式。其实，对于园林设计尤为如此，设计师固然提供了一个生活发生的容器，但它应当有自我生长，甚至自我进化的可能。这意义上的园林空间不是设计师笔下草图的物化，而是有着个体生命的有机体，即使在设计过程中我们设想了种种可能，但是在自然与人的介入、阳光与月光、空气等自然要素的参与，以及用户自觉或不自觉的行为下，它们在不确定性中仍然绽放了“虚位以待”的诗意。

山水以自然的方式存于人间，在社会与自然的界线上隐喻着变动不居和历史无限性的形而上。山水使万物与自身形成、演化的生命动能，决定了转化为一种设计方法论时必然存有自由、有机以及向外部世界敞开的无限可能。这种借由山水达成的无限可能，既释放着自然所包蕴着的生命动能，也在功能界面上达成融合坪效的社会效益。

由不确定性主导的失控状态，实际上是为了创造更大程度上的可控、一种在系统性的层面上充满弹性的景观秩序、一种符合山水精神的现代物质媒介。

Ⅲ-7

氤氲

材料的语言学

材料所以被欣赏，是因为它们所代表的品质……而不是因其固有的物理性能。因此，一个叠合在一片光滑立面中被粗糙砌筑的勒脚就会被视为一种原始的、更为“土气”的状态……在整个建筑历史中，建筑物均被赋予意义。今天我们不再清楚这些意义，对他们的认真“阅读”已直接被对材料表面的感官享受所代替，不论它是自然的还是工业制造的……显而易见的是，他们认为材料在赋予作品以意义这一点上起了重要作用。

肯尼思·弗兰姆普敦　《现代建筑：一部批判的历史》

以上六个关键词分别描述和解释风景园林规划设计的相关理论，基于此，新山水主要涉及的内容包括：场地的处理（三种姿态和四个步骤）、设计信息的图纸再现（手绘、图层法、拓扑法和模型等）、方案设计的核心理念（间、时空体、游、过程性、连续性、不确定性）、与关键理念有关的设计方法（处于半透明的模糊状态、折叠、叠加、地形学）和相应的规划策略（阶段性划分、超越边界的连通性）。

细细观察这些关键词所具有的理念内涵和设计方法，有心的读者会发现它们缺少两种与风景园林规划设计密切相关的内容，一个是体验层面上的，一个是建造技术层面上的。

实际上，在很大程度上，以上的理念与传统山水精神内涵或多或少有着联系，更准确地说，是从山水这个文化宝库中演变出新山水理论的。无论山水有多么广泛的内涵，但山水的最终归处还是诗意的栖居，即一种生活的体验，因此，有关体验的内涵其实是内在于各个关键词（比如运动与体验的关系）。但新山水理论试图更进一步在体验层面上捕捉山水之韵，于是，我选择“氤氲”一词作为本节的关键词加以论述。

物质性

在山水的语境中，氤氲的抽象本质指的是“气”，其具体所指是“风、云与雾”等造园元素。氤氲在新山水的理解中不再是虚无缥缈的意向，而是景观营造的必要材料，在此基础上，我还借助于云雾的探讨，把氤氲延伸到材料和建造的层面上，一方面，补充以上六个关键词的盲点；另一方面，简论与景观建造相关的新材料与工艺。

我们仍然把源头指向山水，以两句画论和诗词分别作为三重理论的发起点。第一句是石涛的“山水是天地形势，风雨、明暗乃气象”，以表明山水与氤氲（气）之间的哲学关系，即氤氲是一种多样的存在（being）；第二句是南北朝的王微所言的“本互形者融灵”，主要说明具体的形体与抽象的概念都是氤氲的表现形式，即云雾和天气能够承载氤氲的多重属性。游者在体验氤氲的身心感受也是双重的，即氤氲不仅是山水精神的等价物，也不仅是景观元素，它更需要观者以主动的审美方式参与到氤氲的景观中。

山水为什么要有“气”呢？中国人对“气”再熟悉不过了，中国传统思想乃是通过“气”来处理生活世界中的现实，“气功”、“气场”、“气氛”等词汇都是日常的生活常用语。而且，五行当中贯穿着“气”，“气”是一种中国人所信奉的永恒性元素，也被宋明的理学家们视为世界的本源。

前面讲了山水是一元两极的存在状态，是阴阳之间的辩证关系，是不同事物之间的相互关联，山水能够被赋予这些特征，或者说山水具备这些属性，都与山水之间的张力充盈着“气”密切相关（氤氲之气同时又是“间”能含有暧昧性的原因），“气”的捕捉也是山水所试图塑造的目标。从更深的本体论层面而言，“气”代表着一种“非存有的、去客体化的”能量流动所代表的过程性哲学（这里暂不对中西比较哲学的问题展开讨论）。

“气”实际上与山水之间还具有一种局部元素与整体性的关系，而且局部与整体之间能够实现转化。整体指的是山水，局部指的是大自然的元素。苏东坡有云：“山石竹木水波烟云”。山石竹木和水波的转化无止境，一转眼就变成水波烟云。从山石到烟云，其间有连续性，只是密度不同罢了。所以古人会说，石谓之云根，宇宙之气就是凝聚于膳食，而消散于水波，最终幻化成云烟。

清代画家石涛会说，山水指的是“天地形势，风雨、明暗乃气象”。什么是“形”？“形”是已经存在于当下的物理形状；什么是“势”？“势”是让情形变得生动的力量和趋势；什么是“气”？“气”指的是精神与物质双重的能量流动之态；什么是“象”？即被呈现出来的现象。地形的“形”和“势”，再加上天气的“气象”才能共同构成山水，这里，氤氲就是风雨、阴暗和气象的总称。

氤氲既直接暗示万物的来源，又指向宇宙论层面的隐喻，还指物理层面上的元素，最终让万物从山水而生，以获得自身的“兴发状态”。从山水中散发的“气韵”（aura）中，超越物理层面上的形体与精神之间的对立能够内在地消融和解体，正如王微所说的“本乎形者融灵”，“融”表示物质形态的液体化，而后再变成气化，这说明绘画和造园最终的追求是使固体变成液体和气体，并让各种元素“粘贴”到一起的相互渗透的过程。也就是说，从山谷底上升的云气，云气氤氲而使地形融化模糊，云气慢慢地消逝于天空中，这便是新山水所追求的想象性意象。

简言之，氤氲，从更广的维度上说，是一种关于广谱物质性想象。

然而，以风、雾和云为具体形式的氤氲已经不再受到当今风景园林师的重视。尽管云雾常常被设计师用来装饰最终的建成效果，但云雾不再是造园的必备要素。光、云雾和风这种天气性元素是不受人为控制、不可把握的，大多数设计师不再把氤氲当成自身设计理念的出发点，它们的理论价值和实践价值同时面临着危机。

当下，建造景观的材料不仅包括树、山川、河流这类自身能够恒定的生长的自然产物，还包括那些需要经过人类直接开采的木材、砂、石材等，也包括由人类活动生产的人工产物，比如混凝土液压花砖、玻璃砖、防腐木、光滑钢片等（图 3.7.1）。

在普遍的意义上，自然材料和人工材料构成了景观形式和空间，但在真实的风景中，除了上述显性的材料之外，还存在着一些隐性的、不定的材料，比如说光、风、土、雷、雾等属于氤氲范畴的要素。这类可利用的材质具有不可预测性、随机性，你不知道氤氲到底什么时候能来，从哪个方向来，更无法轻易地捕捉和利用其内在规律。

在新山水的理论中，氤氲不但是山水底色在当代的精神转化，而且还构成景观设计和营造的必要元素，风景园林师在设计之初就把氤氲放在“构图”中，只有不可测的云雾来临的时候（或者特意设置云雾喷头以定时控制其排放），整个景观被烟云瞭望着，充满着，覆盖着，半遮半掩的，这样的景观才是完整的，才是最终的理想形态。

新山水理论试图以积极主动的方式对待云雾，“操控”这类既抽象又具体、粒子化且几乎不可见的、难以察觉的材料。具体来说，自然天气现象的物质性决定了景观的本质属性，而风景园林师需要以艺术家的敏锐眼光捕捉它们的形状、气味、颜色、质感、温度等信息，把氤氲的实现实体化和具象化，由此将氤氲固定在风景中。比如，在西安的松·生活馆中的设计，山水比德团队就把云雾提前置于方案中，而且最终的效果也是试图打造一种坠入云端的生活状态。一缕茶烟轻透，无非糁糁松花，问谁可解?

图 3.7.1　重庆招商·雍璟城，山水比德

体验性

虽然氤氲本身在视觉上显得模糊甚至无形，但在听觉、嗅觉、触觉等层面却可以无限放大。在风景园林规划设计实践中可以通过无形的体验（光影、温度、湿度、气流的变化、声音）夸大和强烈凸显其特征。故而在体验的层面上，新山水理论将提出几种与氤氲有关的设计效果以供讨论。

以光影和风为例。光是触碰记忆的开关，风景园林师可以引导光的投射路径，塑造成各种造景效果，小面积自然光在大体块阴面上的落影必然有可描述的形状；而对大面积的阴影空间来说，小面积自然光的斑驳又能点燃空间的气氛，使环境变得富有生气。因采光洞口的形状大小不同，光便被塑造成多种多样的形状，不同的光斑不但能使空间富有生机，还能成为非常具有表现力的造型元素。当有大面积的阴暗环境时，光在黑暗的衬托下能更有效地形成心理－视觉的指引和暗示，比如在旭辉银盛泰·铂悦灵犀湾项目里，形式与空间的延续逻辑、产生的转折和扭曲构造，为空间真正的主角——“光”让位，不动声色地成就了光与影的对局游戏（图 3.7.2）。

另一个与氤氲有关的景观元素是“风”。风的内在涵义还蕴藏在“风景”的字词中，风的理论涵义与气类似，而且在设计和感受的维度上，风实际上是无处不在的，任何景观都不能摆脱风的浸润和渗透。风这种自然力量是刚柔并济的终极形态，它既能微风拂面，让人心旷神怡，又能狂风大作，让人产生恐惧。风看似不能改变山岳和大河的形态，但却以润物细无声的悄然力量塑造物理景观的基本外形。风与景观密切结合，人的意识和体验总是在不经意间受到风的影响，因此如何引导风，如何利用风，如何屏蔽风，将成为设计和体验的关键议题。

除了这些捎带虚幻的造园材料需要加以利用之外，风景园林师常用的材料和技术更应该获得深入的研究与开发。材料的质感、色彩、硬度、透明度可以被人直接感知体验，材料的光滑与粗糙、明亮与灰暗会带给人不同的美学感受，它与人不同的情绪心理结合，能够产生诸如庄重、纯粹、明静和宏大等心理差异。恰如上文所讨论的那样，能够散发出氤氲（气）的材料可从物质材料自身捕获景观体验中的各种想象性。

图 3.7.2　旭辉银盛泰，铂悦灵犀湾，山水比德

功能性

与材料密切相关的景观营造基于物质性工艺与感知之间具有千丝万缕的联系。材料的本质或人工属性呈现出诸多品质，一经组合，各种材料构成的景观就可以显示出一些独特的品质。在景观的材料集合中，决定如何组合的结果是材料的兼容性，或者说，组合的模式蕴藏于材料的临界点中，即它们之间存在能被组合、拼贴，实现微妙配合，直至触动人体身心感受的极大可能性。与此同时，材料的目的性（purpose）又能决定景观必须与历史记忆和人的意识紧密相连，并反向接受其引导和约束。

临界点其实存在于物质性材质本身以及材料的构造过程之中，在被组合、拼贴创造以致变相之前，在看到基础材料之后，风景园林师旋即能够感受到材料的属性，其质感、形状、色彩、温度、透明度、传达出来的各种重量感都摆在设计师的面前。而风景园林师要做的就是从材料的临界点入手，观察关于单一材料、材料与材料之间，甚至材料与风景之间能够契合的共同点，捕捉我们所谓的临界点真正能够传递出什么情感和氛围。

比如说，适宜的温度。不同的材料映射在生理上能够引发不同的温度感受，玻璃、不锈钢、锈钢板显然比温暖的木材传递出冰冷的体感，材料或多或少从我们的身体上吸收热量，见之于心理上也一样。我们的经验是调试温度，让材料达到可以被生理或心理感知到，且体验某种舒适的程度。

近年来，山水比德加大关于健康社区的研究力度，关注材料的适宜性使用。在医院、养老院等养护环境中，设计希望传递出温暖的感觉，同时注重和自然环境的联系，脚下的暖灰色石材会微微反光，楼梯的木质扶手质朴舒适，一切平静又充满生命力。而在儿童活动场地里，孩子们在阳光下发烫的塑胶地垫高高蹦起又落下，地面因为他们的雀跃微微下陷，这时候安全和趣味的功能需求是首要考虑的。

氤氲在更广阔的范围内代表了材料与五感之间的联系，其中自然也包括声音。材料在与环境、人发生关系后形成“拟人的”、“人性化”的声音，人们的身体接收、分类和消化各种各样的声景，并转化为大脑能接受的审美和感知信息。在这个过程中，上文提到的风就是一个重要的创造性力量。不同体量、形状、颜色的石头能发出的声音是如此不同，拂过沙地上腰背圆润的置石会是沉吟的，多玲珑透漏、呈重峦叠嶂之姿的太湖石是高亢而精怪的，有序的毛石墙面是闷声温吞的，这些声音共同构成了石材能被感知的硬度、弹性、柔性的特性，并与特定的审美情感搭建起桥梁。

有时候风景园林师喜欢用原真性（authenticity）描述景观材料的属性，但何为原真性呢？起码以时间的尺度来衡量，材料原真性的一个重要表现形式是景观在持续的、连续的、流动的时间力量中逐步开始承载自身的记忆与经验。

在通常的观念中，材料与景观营造的关系是即刻的，材料与建造不可分离，材料与造型、体量和空间等不可分割的物质基础的创造和不断雕琢有关，材料之所以具备生命力，主要得益于风景园林师的创造性生产，但在新山水的理论中，我尤其注意材料的时间塑性所带来的历史记忆，也正是这种属性才帮助景观的体验通向原真性。比如在 2018 年大理云南白药项目中，场地原本是一个废弃采石场，所以石材无可厚非地成为设计的灵感缪斯，又被功能化地用于铺地、景墙、矮墙、灯具、雕塑等方面。整个场地的核心景观装进了石材围砌的观景框中，石材这个能承载记忆的标志性元素不断以或明或暗的方式展现于眼前，以唤醒和强化关于场地的原真性情感（图 3.7.3）。

氤氲其实一点也不复杂，我们没有必要迷失于虚幻的文字，把氤氲想得太神秘。氤氲具有三个层次的涵义：首先在哲学和文化意义上，氤氲约等于“气”，一种流于山水之间的、支配着生命的能量，其次是物质性的，那些常常不可轻易把握但又从根本上决定着景观品质的风、云、雾和烟波等，最后指的是一种材料和工艺层面上所散发出的氛围感。

在新山水理论中，氤氲既时常处于隐退的状态，又最不可或缺，氤氲时常不为风景园林师所重视，但却又充当景观营造的终极手段和目标，同时氤氲还是人的体验以及生活理想的最佳载体。

图 3.7.3　云南白药·大理健康养生创意园，山水比德

IV

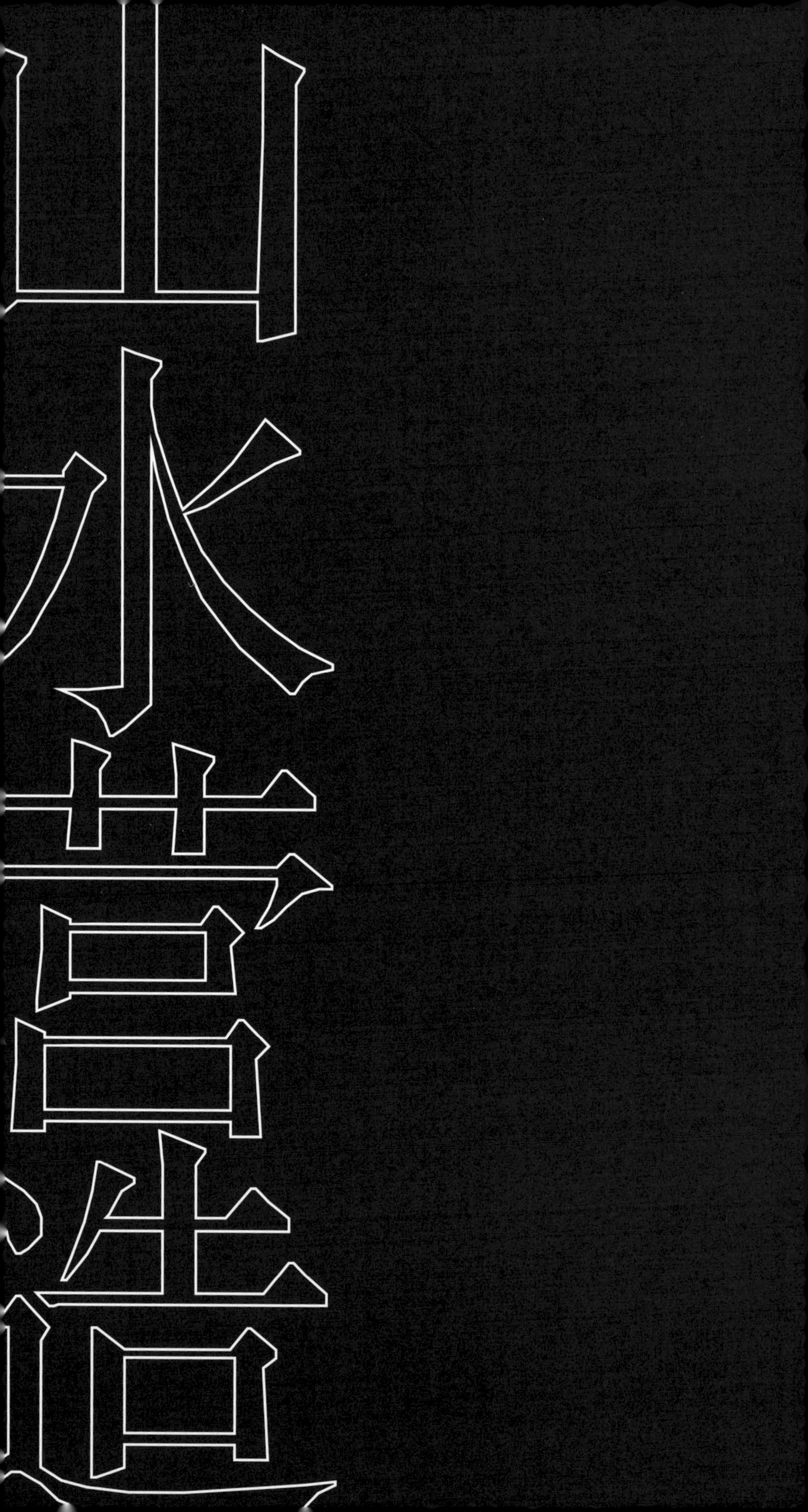

山水营造

CREATION ON SHAN SHUI

Ⅳ-1

悬浮

建筑物与景观两者间虽然有很多共同之处,但依然有难以逾越的鸿沟。从外在的表现和内在的意涵上，历史上都有很多设计师试着将两者结合，试着消融两者的边界。这一次，我们在日照，在海边的森林中，让建筑有机之形把逆境重生的概念重新演绎。在衫林叠影中，在云海一色中，找寻生态美学的印记。

图4.1.1 日照森林公园（一）

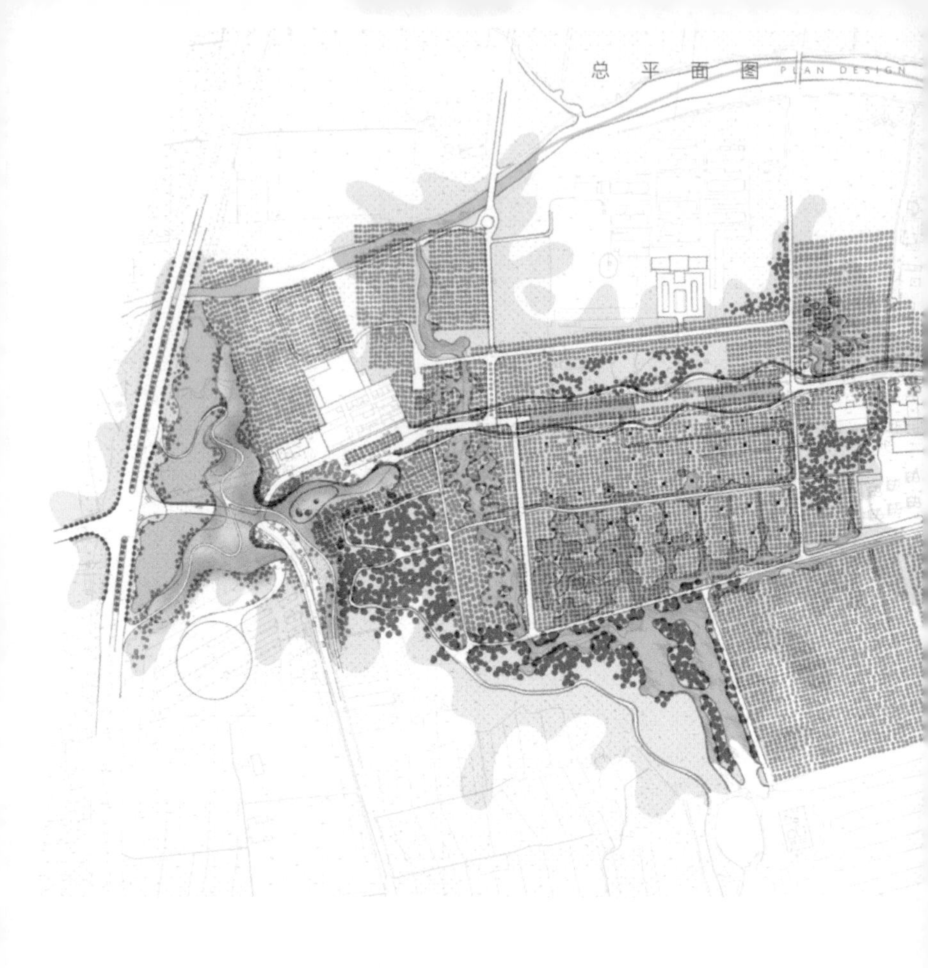

日照森林公园（图 4.1.1）位于山东省日照市北海路附近，规划边界北起两城河，南至吴家台村，东抵黄海之滨。森林资源丰富，大片的水杉林、黑松林在这里生长。调研场地时，客户曾邀请我们去场地看日出。不过因为设计师的工作习惯，早上很难起来，觉得有些为难。但转念一想，既然来了，何不体验一次？所以转天一大早，我们即起身来到了这片海边防风林。本来是为看日出，结果却下起了小雨……不经意间周围生起一层薄雾，山丘、草垛、树底皆被这层薄纱所淹没。远看，眼前物似乎都浮在空中。面对着海浪的涌动和翻滚的雾气，我不禁陷入沉思……场地的设计可能如这般悬浮在雾气当中，如浪花一般滚动吗？

回到现实的场地分析中，面对这临海而生、寥无人烟的森林，团队决定将生态美学作为该场地的设计基底，尽可能留存原本的特性（图 4.1.2）。整个场地中水杉为主要树种，特征在其呼吸根。水杉的呼吸根透露着生命在逆境中顽强生存的韧性，这种生命寓意极其可贵。所以我们将其融入设计之中，让场地也有如呼吸根一样自在呼吸。

在大尺度的规划上，由西至东的主要区域分别为杉林叠影剧场、溯园寻趣剧场、

图 4.1.2　日照森林公园（二），山水比德

艺术自然剧场、野趣童乐剧场、商业广场和松风海岸剧场。面对整片带状场地，处理时首先关注于场地的生态基底，即尊重和保留其中的水杉、黑松、麻栎等林木，维护“江北第一水杉林”的名号，为动物提供迁徙、栖息的场所。于此基础上，在各个区域中注入相应的游憩设施，让人们可以从事性质不一的活动——艺文展演、购物休闲、儿童游憩、自然游憩……一旦场地的活动多样化，那么无论任何季节和时间场地都能迸发出活力，在使用上充满了弹性。在这一层面上，“呼吸根”的韧性内化到了景观规划的智慧当中。

在小尺度规划上，团队借用了有机建筑和仿生设计的理念，在功能、形式、结构等层面将“呼吸根”直接或间接地转译到场地中。通过流线型的结构，让构筑物仿佛是从地面中生长出来一般（图 4.1.3）。尤其是杉林叠影剧场的主要构筑物，连绵起伏的坡面如浪花，底层被架高的空间让整个构筑物好似悬浮。由于地形上的处理使得建筑与景观的界限得以破除，人们活动的空间也从建筑内部延伸至建筑顶部，建筑的形象、内涵、使用等方面与自然形成了统一与协调。

生态美学

这是长江以北最大的水杉林，面临黄海。表面上是一片平淡无奇的海岸防风林，主要乔木是水杉林、黑松林、麻栎，灌木则包括紫穗槐、胡枝子等，并且包括禾本科、菊科、毛茛科、莎草科等多种草本植物。其中还有国家一级、二级保护野生植物——银杏、水杉、中华结缕草、野大豆。一般设计师会在场地中架设游憩设施，作为公园使用。但我们认为这片森林资源丰富的场地可以处理的层面不仅如此，从宏观层面来看，生态美学恰好可以作为该场地景观设计的指导原则。

生态美学结合了生态学、自然美、景观设计学，意味着人们在重建身体快感方面，不再仅停留于传统美学意义上的视觉、听觉层面，还包括了嗅觉、触觉、味觉等协同一致的快感。因此，以生态美学作为日照森林公园的指导原则时，更强

调人处在“环境”与“空间”之中的身体感觉。

在公园里，成片水杉林在人们眼前蔓延，海风徐徐，穿梭于林间。碰擦而出的嗖嗖声，传入耳中，云间露出的阳光穿越层层间隙，地上的阴影随着海风摇曳。我们站在林中，树的气味悠悠传来，自然原本就蕴藏着无穷细腻的美感。在此基础上，我们对场地生态层面上的处理，让构筑物不再只是构筑物，场地不只是场地，而是自然风貌的一部分。

在具体的设计策略中引水入林，提供丰富的场地涵养水源。在水中与驳岸种植根系牢固的植物，增加石笼挡墙等构筑物，为水栖动植物提供多个小型栖息地，并设置浮桥和观鸟屋（图 4.1.4）。使本土动植物安心生长，丰富场地的生物多样性，让生态美学筑成场地。

图 4.1.4　日照森林公园（四），山水比德

图 4.1.5　日照森林公园（五），山水比德

生命回荡

有机建筑被设计师认为是改变建筑与景观对立关系的有力支点。有机建筑最早由弗兰克·劳埃德·赖特提出，认为建筑应该与自然和谐共生。一个多世纪以来，随着科技、环境生态意识、生活需求等的改变，有机建筑的意涵一直在丰满和发展。在现代主义时期，赖特和阿尔瓦·阿尔托等人为有机建筑的概念做出了巨大贡献，他们强调建筑的空间流动与材料独创性，打破了古典建筑墨守成规的形式。但局限性也非常明显——对于人与自然的关系、建筑形态的隐喻和表意、机能与结构优化等方面缺少关注与尝试。

如今随着科技日新月异，产生了大量环境问题。人们意识到自己并非是世界的主宰，对待环境逐渐从人类中心价值观转变为生物共存价值观。人们的建筑审美取向也随之改变，其中，有机的流线型造型被设计师广泛采用，新技术和新材料为有机建筑的营造提供了更加丰富的想象空间。

在日照森林公园中，建筑与自然和谐关系的处理主要体现在杉林叠影剧场中。在这里，设计师按照有机建筑的理念如法炮制，以场地主要的林木——水杉林为基础，以湖面中起伏的水波为依托，将一层“表皮”褶皱、隆起、扭曲、隐埋在大地上。起伏的流线造型与湖面的水波交相呼应，既像海面的波涛，又像绵延的丘陵，边界既与水面相接，又与地面相连，模糊的边界让建筑与景观显得暧昧不明。夏天，青芒芒的建筑物与背后茂盛的水杉林借由颜色的相似连成一体，转入冬天，皑皑白雪覆盖其上时，构筑物也犹如自然隆起的雪丘，在雪地中静谧地坐卧。在构筑物的坡面上，设计团队铺设草坪并借势划设路径，人们活动的界面由地面延伸至坡顶上，空间体验的异质性由此增加。再回到地面上，穿梭于水面之上的路径将人们引入建筑内部，建筑因为“褶皱”、“隆起”而孕育出一个个不规则的流动空间，走近体验时有如洞穴一般，唤起人们原始的安心之感。

整个构筑物仿佛是从大自然中生长出来一般，与周围的地形、水面相呼应，在四季轮转之际与草木、雨雪共融共生。暧昧模糊的边界反而拓展了人们在场所中可以活动的空间，建筑内部、坡面、地面皆成为人们休憩游乐的场所，体验繁多（图 4.1.5）。

逆势生长

园区内的杉林叠影剧场，其主要构筑物的原型依托是水杉的呼吸根。设计团队运用仿生手法将其形象与意涵转译在场地中。1960 年，美国俄亥俄州空军基地里诞生了仿生学，第一届仿生学会议上，空军上校斯梯尔将其定义为“模仿生物原理建造技术系统，或者使人造技术系统具有或类似于生物特征的科学。”而建筑仿生学则是仿生学的一个分支，即研究生物界的生物体功能组织及其形象构成规律，并运用它们丰富和完善建筑，最终使得建筑和自然界形象达成和谐。

建筑仿生不仅模仿生物的形，还深入了解生物的内在层面，将形态、功能、结构等层面皆融入人造实体中（图 4.1.6）。根据鲁道夫・阿恩海姆对于视知觉的理解（即主体对形状的知觉，是对事物的一般结构特征进行捕捉，知觉抽象出来的两个物体间的相似性是建立在两者本质结构特征之间的一致上），由此我们知道自然界氛围可以借由“仿生”在构筑物中实现。

“呼吸根”的作用是让植物从密实的土壤中冒出来透气，因而表皮上有许多孔洞，空气才得以在外界与植物间流通。该意象也被转换于构筑物的结构之中：隆起的坡顶、被“击穿”的一个又一个的圆洞、自然光线、微风、鸟语。圆洞内外的气息得以流动，人类在建筑内也得以与自然的气息共鸣。

最后，如果探讨气生根生成的生物因素，或许我们可以得出更有趣的寓意。水杉之所以会长出气生根，是因为在密实的土壤中难以呼吸，鲜活的生命体在面对这样的困境时不会束手就擒。于是，水杉的根系“另谋他路”，不只是往地下蔓延，而是向上突破，舒展在空中呼吸。这种执着尤为打动人心。设计师把水杉的生命寓意进行提炼，凝结在构筑物当中：场地原本荒无人烟，鲜有人过来休憩，而经过设计处理后，人们通过地上隆起的“土丘”和底下架空的“洞穴”找到了让自身停留、感受自然的机会。场所在荒无人烟的地方逆势重生，仿佛应征了气生根逆境生长的生命隐喻。

综合以上理念与手法，设计团队在尊重场地纹理的基础上，将生态美学作为设计指导方向，在杉林叠影剧场上以有机建筑为指导理念，以气生根为仿生设计的主题，把逆境重生的概念重塑于场地中（图 4.1.7）。

图 4.1.6　日照森林公园（六），山水比德

Ⅳ-2

游与山水间

从人类的宰制，走向去人类中心主义。从等级化的城市，迈向动态的、过程流动性的、非中心化的空间；从单一的生产—消费模式，转变成综合的、复杂的产业形态。我们心中的山水城市，如何在丽水这片土地自然成长？

让人居城市融于自然山水中，为我们的生活空间重新注入诗意的山水境界，使人们能够实现古人所说的“可居、可游、可望、可行”，这曾是众多学者和设计师追求的目标。我们跋山涉水、四处探寻，终于在某天发现，这片衍生于山水之间的楼宇正是我们渴求打造通往山水之境的理想地。这个地方就是丽水。

丽水瓯江，穿过田野、经过厂房、淌过楼宇密布的城市中心。一条江水见证了人居环境的多样变迁。不过在现今的环境情况下，如何重新营造山水景，重构都市网络空间，以及利用现有的资源构建健康的产业发展模式？设计团队为此提出了多项应对策略：构建蓝、绿生态廊道，在空间层面上营造连续性，在非中心性的都市空间搭建复合型网络系统，在发展层面上则将传统工业进行升级，护航旅游经济的发展，为场地注入多样的活动，带来本土文化传承与创新的机会与空间。

基于设计策略，原有的生态基底予以保留，并在场地中构筑生态友好的廊道。在此基础上，于丽水瓯江两岸置入建筑博览中心、会议礼堂、艺术文化画廊、度假酒店等新型公共建筑，为场地提供多方面的功能空间。以此，让丽水的都市空间中承载住山水城市的愿景（图 4.2.1）。

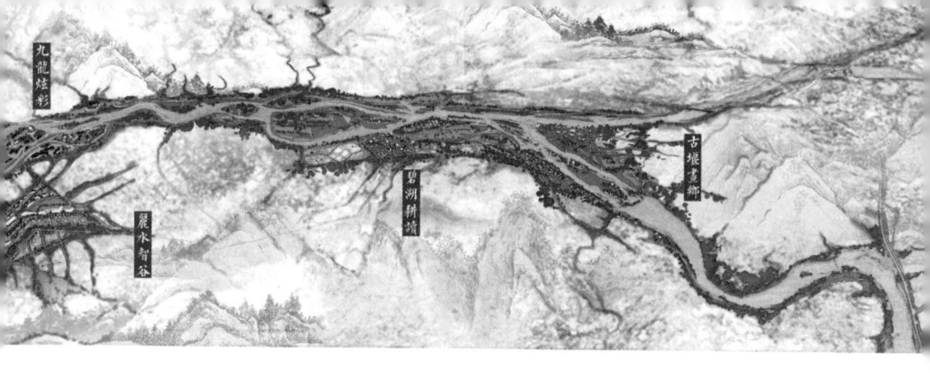

图 4.2.1 丽水项目规划图，山水比德

山水城市的重新诠释

说起山水城市，很多人只知其名，难知其义。可能至多只听说钱学森提出过这个愿景。钱先生之所以提出这个概念，是因为看到当时中国城市建设的发展过程中出现了太多假古建、“电子化游乐宫”、“花园村”、方盒子式建筑。人们推窗外望，常常是一片灰黄，难以入目。钱先生见此心中愤懑，他认为社会主义新中国的城市不应当是这样。他想让城市设计中融入传统文化，使独属于中国的美融入其中，继而科学地组织市民的生活、工作、学习、娱乐。最好能将中国古代园林建筑的手法借鉴过来，让高楼也有花园，并布置高层露天的树木花卉，使人们推窗户可见楼顶成片的绿荫，仿佛是城市中的绿丘。小区中，教育办公、购物娱乐等功能一应俱全，公共绿地散布于场地当中，让人民也能体验到古代王侯才能享受的生活。

钱学森提出“山水城市”的构想，为当代中国的城市发展树立了一个新的框架，很多设计师与学者都在不断丰满该框架。如今轮到我们面对它，根据丽水的具体情形进一步规划。

所谓山水城市，强调生态学、城市气候学、美学等学科的协调整合，让城市可以融入自然中。中国传统的“山水”精神对城市环境寄予了一种理解与期望，即“天”（自然环境）、“人”（人类与人居环境）的重新连接，打破西方实证主义自然与人对立的关系，让城市可以在楼宇中显山露水，让大地上的构筑与自然纵横交错。

与此同时，西方的学者与设计师中也出现了一些理念，将城市空间比拟为生态系统，认为其可以动态、持续地演变，同时认为景观对城市发展弥足轻重。这种将景观与城市空间共生连接的理念与中国的山水城市不谋而合。综上所述，我们认为当今的山水城市是构建人与自然环境协调平等、与自然环境共生、开放的城市网络体系。

在规划设计的过程中，我们提出以下三点理念：从人类的宰制走向去人类中心主义的生态观；从等级化的城市空间迈向一种动态的、过程流动性的、非中心化的都市空间；从单一的生产—消费模式转变成综合的、复杂的产业形态。

去人类中心主义的生态观，指的是让人类、生物、非生物能够平等共生于山水世界中的生态观。人本主义将人类视为事物判断的标准，尽管生产力得到了极大的发展，但同时也造成了灾难性的环境破坏。所以我们迫切需要动态、过程流动性的、非中心化的都市空间，使环境转向为一种去中心化、非等级的、流动的水平空间。都市空间在当今并非是静态、没有弹性的物理空间，而是充满了各种显性或隐性的作用力。从单一的生产—消费模式转变为综合、复杂的产业形态，则可以由当今信息社会对传统产业的冲击看出，产业之间的结构性联系变得愈发紧密，并且兼顾、平衡和产业相关的各团体综合性利益，让城市的发展与产业结构实现最大程度上的双赢。借由以上三点规划理念，我们为山水城市做出了适应当今中国社会的全新诠释，并将在丽水瓯江两岸演绎该理念。

联通性作为规划设计的途径

架构山水城市的逻辑之后，下一步我们寻找通向该开放性网络体系的途径。首要的是建构城市中的联通性。

从小尺度上看，如何实现场地中个人身体经验的联通性，我们借用了中国山水画“居、游、望、行”的画论理念，希望在场地营造时建立视觉、移动、心灵等多方面的连接，比如在瓯江两岸的视觉处理上尽可能烘托视觉，呈现山水佳景，屏蔽不宜的景象。在视线转折的地点置入建筑物，形成转角处的视觉焦点，增强场地的联通性。在身体移动及心理活动上，可以基于视觉的引导，在瓯江两岸步移景异，实现漫不经心的沉浸式游览。

从中尺度上看，我们则主要由空间、交通两个层面增强场地的联通性。在空间层面上，设计团队将宜平溪森林公园、九龙国家湿地公园、吕步坑窑址、古堰画乡等重要的休憩地点串联为旅游通廊。在交通层面上，从车行、水行、人行三路交通方式上入手，实现水陆上的游憩交流联通性（图 4.2.2）。

从大尺度上看，在绿地系统、城市开放空间、基础设施等层面架设场地的联通性。在丽水的城市空间中，我们借鉴波士顿翡翠项链、伦敦大都市绿带、北京城墙公园等案例，将瓯江两岸原本零散的绿地空间进行串联，形成城市内的连续景观，以增强沿江一带开放空间的联通性。连接都市中的生态栖息地、人行活动空间、雨洪缓冲地带等区域，发挥出比零散状态下更大的生态、经济、游憩效益。

由此，我们在小、中、大三个尺度上，对场地的空间、视觉、生境、基础设施等元素进行处理，以实现山水城市之中的“联通性”。从小尺度如画般“居、游、望、行”地漫游于场地当中，到中尺度借由都市绿廊、交通设施、交往空间等方式打破城市空间的隔阂，再到大尺度的建构绿地系统、开放空间系统，皆是实现城市中联通性的手法。

构建复合型空间网络系统

BUILD A COMPOUND SPACE NETWORK SYSTEM

- 车行观光流线
  SIGHTSEEING TRAFFIC LOOP
- 人行观光流线
  PEDESTRIAN SIGHTSEEING LOOP
- 水上观光流线
  WATER SIGHTSEEING LOOP

构建旅游通廊

CONSTRUCTION OF TOURIST CORRIDOR

- 梳理现有景观节点
  SORT OUT EXISTING LANDSCAPE NODES
- 结合现状景观再新增节点
  ADD NEW NODES BASED ON THE CURRENT LANDSCAPE
- 增加旅游通廊
  INCREASE THE TOURIST CORRIDOR

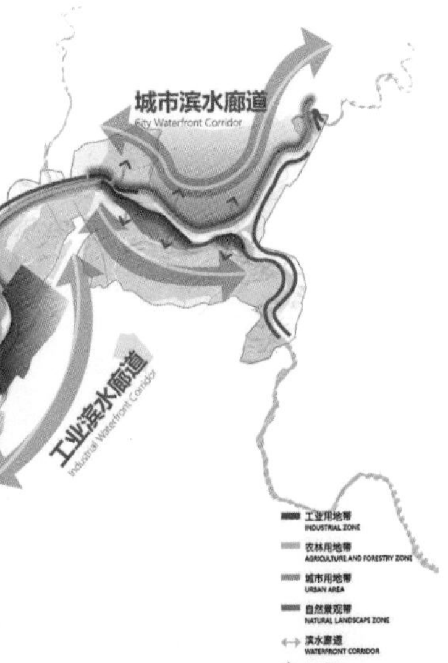

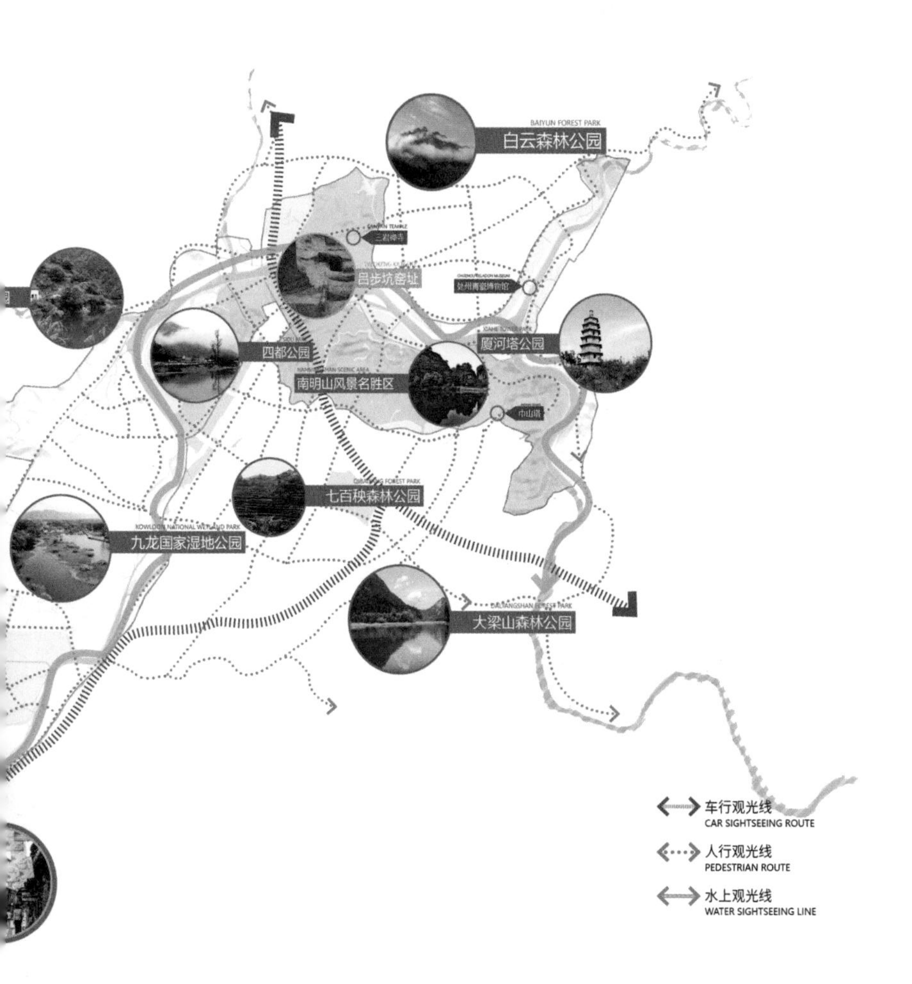

BAIYUN FOREST PARK
白云森林公园
三岩禅寺
吕步坑窑址
处州青瓷博物馆
厦河塔公园
四都公园
南明山风景名胜区
中山塔
七百秧森林公园
九龙国家湿地公园
大梁山森林公园
车行观光线
CAR SIGHTSEEING ROUTE
人行观光线
PEDESTRIAN ROUTE
水上观光线
WATER SIGHTSEEING LINE

图 4.2.2 丽水规划项目（一），山水比德

规划设计策略与方案

山水城市的架构落成之后，一个开放性的网络体系将设立在丽水的城市空间中，并随着网络的延展，联通城市中的自然、社会、经济等要素。下一步，我们将针对场地自身的挑战落实场地的规划设计。经过设计师对场地的调研，发现丽水瓯江的城市空间中有三类挑战，分别是：在生态层面上，如何在现有城市生态环境中发展山水营城的城市格局；在空间层面上，如何于现有的城市空间格局下营造具有地域性的绿色生活；以及在发展层面上，如何利用现有的资源构建健康的发展模式。

在生态策略上，非人类中心主义的生态观区别于将自然当成客体对待。有时候人们努力将荒漠恢复为密林，但依旧难以逃离人类中心主义的桎梏，衡量自然皆是人为标准。而在丽水的生态空间营造中，我们认为人与自然至少在姿态上是平等的，可以共生共荣于都市空间之中。因此设计团队首先，对丽水的生态格局进行调研与保护，通过分析瓯江两岸的坡度、水源距离、河网、高程等，得出场地的生态敏感带。结合场地的用地属性，我们分别退让沿河工业区，建设生态林地缓冲带，在适度开发区和农田与生态保护区和滨河湿地之间增设生态林地缓冲带，通过缓冲带的设置实现控制水土流失、吸附和分解营养物质、提供庇护场所等效益。其次，针对场地的水资源进行梳理，对于基地范围中瓯江西部、北部和东部的部分段落建立净化湿地，通过径流管理策略缓解场地水污染问题。其他段落则主要采取滞蓄湿地、构建栖息生境的涵养策略，甚至对雨水进行收集、利用、下渗、滞留、净化、排放等多元管理策略，以此优化场地的水资源管理。最后，我们打通山水通廊和山水景观视线，使割裂的山水空间重新建立联系，形成完整连贯的绿色开放空间体系。

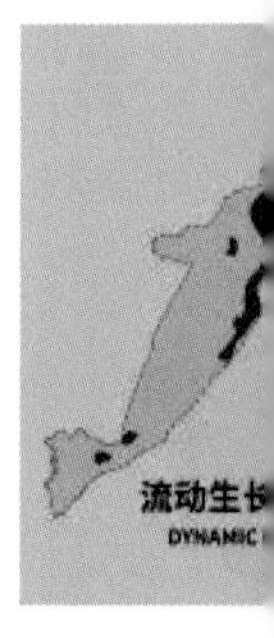

在空间策略上，我们从等级化的城市空间发展出一种动态的、呈现过程流动性的、非中心化的都市空间。传统的都市空间根据城市的性质和职能，由市中心向郊区主要分为中央商务区、住宅区、工业区等，这种传统的都市分布方法往往起到强烈的中心性作用，容易导致交通拥堵、市中心房价暴涨、环境污染等问题。所以，我们对于瓯江两岸的线性空间采用多中心式的布局，将沿河两岸的宜平溪森林公园、九龙国家湿地公园等自然景观与通济堰、古堰画乡、吕步坑窑址等人文景观串联起来，构建一个互通互联的都市空间网络。并在原有的空间基础上附加湿地休闲公园、滨水休闲花园、滨水植物园等休憩空间，形塑和完善场地的游憩功能，增强都市空间的联通性。与此同时，我们并不绝对框定城市空间的具体形式，而是抱持一种半开放的心态，让都市空间可以依据未来的人流、活动、生产需求、自然环境演替等缓慢衍生其形态。

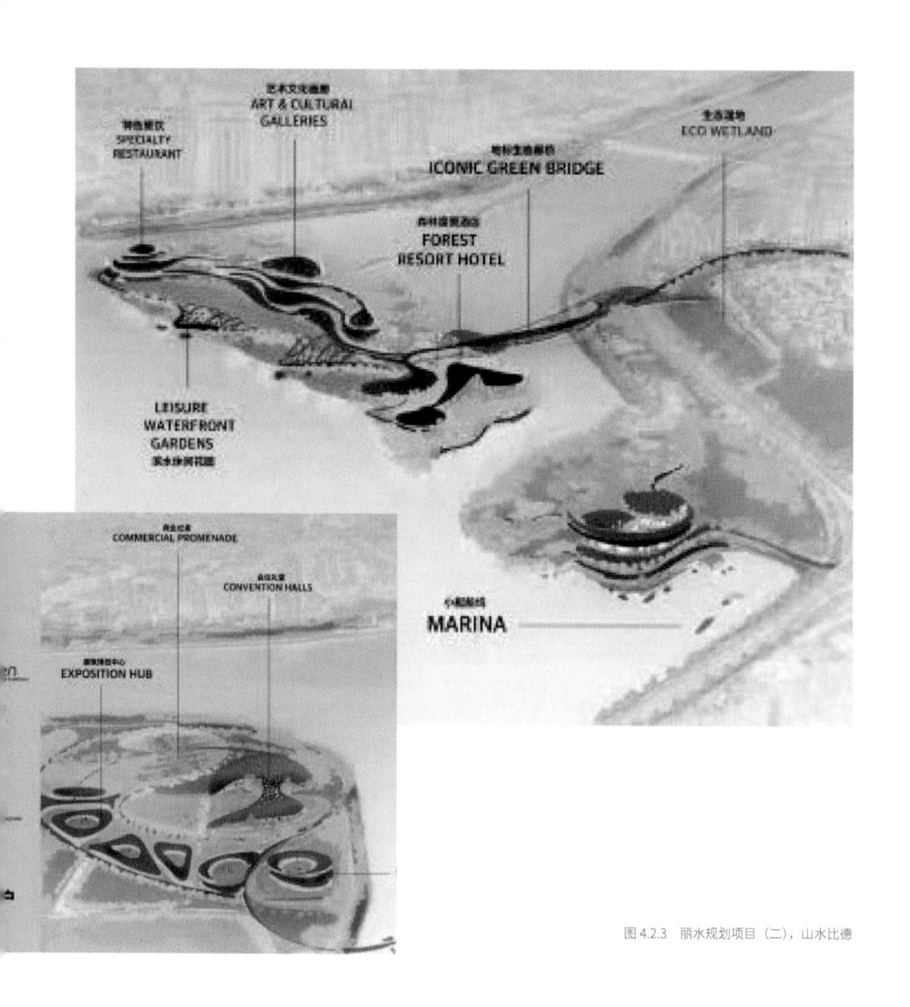

图 4.2.3　丽水规划项目（二），山水比德

面对丽水的产业现状，在当今科技、经济发展潮流中如何实现产业的升级转型，是设计团队在对场地进行规划的重要考量。我们主要采取两个策略，分别是对传统工业进行升级和护航旅游经济。对场地中的工业用地进行集中规划后，将废弃的工业用地退让并复原为绿地，同时对工业进行转型升级，打造成高新产业生活圈。而据我们所知，丽水地区山环水绕，景观资源优异，因此发展旅游相关产业如露营越野、观鸟摄影，策划巴比松画派大会、农产品发布会等活动，都可以借由场地原有的资源与基底发挥，大大增加场地的人气与凝聚力。

综合以上三大规划设计策略，我们在场地中的生态、空间、发展三个层面上进行处理，通过架设生态廊道、搭建旅游通廊、传统产业升级等方式让丽水城市空间形成一个开放性的空间网络，缓慢而动态地自然“生长”，让居于其中的人们重新发现有别于以往的山水之美，尽享焕然一新的山水城居（图 4.2.3）。

Ⅳ-3

重塑的都市活力

广州望岗村中，新与旧的时空间裂痕不断吞吐着人潮形成的云雾。这个老旧的城中村不应当只是外来人的狭逼窠穴，也不应当是本地村民失去传统的陷阱。我们侧耳倾听，解封场地过往的历史，回溯深埋在时间中的记忆，让新的阳光重新照亮这里的生活。

策划、统筹：占家剑
文/广州日报全媒体记者杜娟
通讯员穗规资宣
图/广州日报全媒体记者苏韵桦
（署名除外）

传承了文化 留住了乡愁

保留宗祠池塘、增设历史长廊、借书法建亭廊……七百年古村有了新公园

昨日，广州市白云区嘉禾街望岗村里热闹非凡，非遗南狮队黑狮舞动，村里粤剧班好戏连连，居民们惊喜地发现，家门口的望南公园已经完成改造了。市规划和自然资源局、白云区、嘉禾街相关负责人、社区设计师孙虎共同为望南公园揭牌。这个有着700多年历史的古村有了新公园，这里的居民们有了一个宽敞宜人、充满活力的社区公共空间，露天观影、树下对弈、池边纳凉，城中村变身"城中画""城中诗"。

深入了解居民需求 提出"同堂"理念

望南公园位于广州白云区嘉禾街望岗村，村里老人告诉记者，望岗村的历史可追溯到宋朝，先祖黎氏从南雄珠玑巷迁徙至此，定居望岗，至今已有700多年历史。望南公园是广州市规划和自然资源局联动白云区政府、嘉禾街道、望岗村村委、街坊们，坚持"以人民为中心"的发展思想，共同推进的"社区事·大师做"示范项目之一。

望岗村内，始建于清道光年间的黎氏大宗祠至今仍保存完好，是典型的岭南风格古建筑，宗祠前是一口风水塘，原先这里就是村民主要的活动场所，但社区内的公共设施与空间稍显破败、交通系统混乱、休憩空间不足、不同年龄层活动空间缺失、本土村落传统文化流失，村落过往的历史也逐渐被人遗忘。

为充分获得本土居民的认同感，同时提高外来住户的归属感，市规划和自然资源局联合白云区局、嘉禾街道办事处、社区村民代表、设计师团队一起，多次开展望南公园现场踏勘和讨论会，了解不同年龄、不同教育背景的不同需求，一同深入挖掘出社区群众最核心、最关注的问题。

在此基础上，望南公园提出"同堂"的设计理念，通过场地的功能重塑、文化挖掘和设计细化，打造休憩与交往的人性空间，让同一场所中不同的人生活在一起，宛若同堂至亲，其乐融融。在尊重现有旧村格局基础上，将原有古巷连通，形成旧村内部景观主流线，同时拆除部分危房释放一定的公共空间，打造各具特色的"口袋公园"，形成四大主要功能性空间，分别是：口袋公园、休闲空间、文化广场及休闲游廊、健身游乐空间。将无序空间变为有序，使古村历史文化得到传承，营造出一个和生活贴近的、市民使用亲和的、适老适幼的、社会归属感强烈的社会向心空间。

设计处处有巧思 融入传统文化元素

改造后的望南公园地面积约为6000平方米，包含宗祠广场、风水塘、楼间空地及村口口袋公园等部分。

羊城冬日的上午，公园里人气很旺，有的人围坐在大树下下棋，有的人带着孩子在池边看鱼，有的人坐在长凳上聊天，有的人在健身器材上锻炼，还有"私伙局"在亭子里唱大戏……社区居民告别了拥挤的公共空间，迎来了宽敞的广场、安全的步道、诗意的凉亭。不仅能够露天观影、树下对弈、池边纳凉，还可以在这里感受到设计的美、生活的美，望南公园让人们放下脚步、细细品味、记住乡愁。

仔细观察，面积不大的望南公园处处有精巧的设计。公园入口处定制设计了导视标识，并采用深色仿石铝板，将印有"望南村"字样的立体铭牌与周边公共设施相结合，打造古朴精巧的印象。在这里，公园内部的立面、铺装、景观设计语言被巧妙地拓展和延伸，形成统一风格，吸引行人进入游览。

公园中心是一个融合了传统文化元素的景亭。通过提取当地著名书法家黎湛枝（溥仪的老师）的书法作品笔画，对书法笔画形态进行提炼转变，形成景亭结构的设计元素，将场地独有的历史文化含蓄地融入景观再造中，呼应着古村落悠久的历史传承，将久远的过去与今天的市井生活紧紧相连。

景亭还设计了充满巧思的实用功能空间。孩童可攀爬、老人可闲坐、青年可拍照，为使用者欣赏公园其他景色时提供视觉上的隔断，使公园景致更加有层次感，树影斑驳、若隐若现，又充满了生活气息。

景亭空间与廊道空间运用开放式的错位隔断设计穿插相连，二者浑然一体。游人行走其中，既可遮风避雨，又可闲望若隐若现的古宗祠。下午时分，阳光透过墙壁上的特殊形状镂空，将树影投射在铺装地面上，营造古朴温馨的氛围感。

宗祠门口坐落传统礼仪轴之上，通望景亭，是颇具特色的文化宣传及社区活动聚集地。村落宗祠门前原有的历史悠久石板石材铺地被保护和重新利用、原位铺设，通过激光刻印技术在新的石材铺装上刻印黎氏迁徙的历史，打造祠堂前广场、树下小剧场等文化活动空间，营造生活剧场、互动交流的生活氛围。

此外，在原有进村入口道路的东侧，有一个突兀且遮挡风水堂的变电站，大师团队基于公共空间整体考虑，建议将变电站进行搬迁，将公共空间还给村民。经过多方多轮协商，最终成功迁建，将原来变电站的空间改造为村民可赏、可观、可用的公共空间。

公园空间中采用了古典园林的表现手法。通讯员山水比德 摄

山水比德董事长、首席设计师孙虎：

设计师说／用设计留住古村的乡愁

这是我第一次参加社区项目的设计工作，觉得特别有意义，因为这是最接近老百姓日常生活的设计，希望通过自己的设计能真正提升他们的生活品质，让老百姓有更多的幸福感、获得感。

在我看来，本次望南公园项目主要有三大特色。首先，尊重原生态，现场有很多大树，我们在改造过程中都予以保留。此外，风水塘的生态和绿化也得到充分保留。

其二，做好文化传承，望岗村非常有文化底蕴，书法大师黎湛枝是末代皇帝溥仪的书法老师，我们在设计中就把书法底蕴与亭廊结合，用笔画演绎整个设计。此外，连廊中多处运用了彩色玻璃的装饰，这是源于满洲窗的灵感，有阳光的时候连廊就会变得色彩斑斓。也希望通过这些设计能够更好地传承历史文化，留住古村的一段乡愁。

其三，本次设计是参与式的设计，使用者和设计师一起来做设计，充分尊重村民的需求，村民过去喜欢在哪个区域玩，设计后依然保留了原先的功能，只是进一步提升了品质。例如，村民们提出，一定要有下棋的地方，风水塘周边要有更多的座凳，使得村民有充分的聊天和交流区域，这些我们在设计中都充分给予尊重。此外，我们还根据村民的需求，拆掉部分垃圾站、变电站，增加了运动设施。

村民说／生活在望岗越来越幸福

当地居民陈姨说："想不到家门口就能见到这么富有设计感的公园，现在这里变宽敞了，休息的地方变多了。过去祠堂门口停满了车，走路不安全。现在公园的样貌焕然一新，每天带孙子来玩，特别开心。"

当地居民黎伯说："我一出生就在望岗村，今年已经70多岁了。我们望岗历史悠久，黎氏大宗祠气势恢宏，望岗的历史确实应该好好讲给下一代人听。这次公园改造，增加了望岗历史文化长廊，讲述了望岗村的历史，黎氏宗祠的历史，还有望岗黑狮的故事，我觉得非常好。"

王先生一年前来到望岗村租住，他告诉记者："我是看着这个小公园改造完工的，尽管不是本地人，但也觉得生活在望岗越来越幸福。我儿子在这里上幼儿园了，放假我就带他到公园里玩玩，场地大、孩子多，很热闹。"

源自岭南花窗的灵感，让灰调增添几分意趣。

设计巧思

公园中心的景亭——提取当地著名书法家黎湛枝（溥仪的老师）的书法作品笔画，对书法笔画形态进行提炼转变，形成具结构的设计元素。

景亭空间与廊道空间运用开放式的错位隔断设计穿插相连，二者浑然一体。游人行走其中，既可遮风避雨，又可闲望若隐若现的古宗祠。

连廊多处运用彩色玻璃的装饰，这是源于满洲窗的灵感，有阳光时连廊会变得色彩斑斓，以此传承历史文化，留住乡愁。

保留和修复祠堂古建群与旧石材铺地，同时建立新时代文化亭，与祠堂相呼应。

每个人都能找到自己舒适的位置，悠闲自在地享受生活。

图 4.3.1 《广州日报》，2022 年 1 月 13 日

城中村的景观改造，设计者往往站在“上帝视角”，居高临下，以自身主观经验对场地进行设计。而这样做往往会忽略长居于此的人们的真实生活需求。本项目——望岗村景观改造，期待更多从居民的视角考量场地设计。

望岗村为城中村，位于广州市白云区嘉禾望岗地铁站附近，以黎姓为主。该村文化底蕴深厚，溥仪的老师黎湛枝就是该地名人。光阴荏苒，斗转星移，望岗村当年位于广州郊外，历经城市化洗礼，被钢筋混凝土包围，村内的环境设施颇显破败，不敷使用。因此，政府部门委托设计师对该地进行景观改造和更新，期待能塑造一个焕然一新的景观空间（图 4.3.1）。

望岗村景观设计的基地范围约 6200 平方米，主要空间包含望南黎氏大宗祠、风水塘等，设计团队对场地进行了详尽的调研，并采访当地民众对于环境的观感，通过综合政府部门、设计师、居民等多方意见，制定出适用于当地升级更新的景观策略。进行局部破败建筑拆除、交通系统梳理、公共休憩空间营造等一系列设计行为，力求在场地中塑造居民聚集与交往的空间。

除此以外，设计师还将传统的文化保留下来，参照黎湛枝的书法、传统岭南建筑，对其解构，以连廊的形式重组于风水塘边，把场地内在的人文肌理重新具象于人们眼前。以此，设计师解决了场地中的空间功能、环境观感、场地文化等问题，让居民的生活诉求落实在场地中。

参与性的声音

项目初期，设计师非常注重居民对于场地空间的需求。根据规划者的个人观点对场地进行环境重塑，虽然能发挥规划者的专业素养，但其弊端显然易见——常常忽略居民对于环境的真实诉求。后来，在社区公共空间改造中也发展出一套“自下而上”式的设计模式，即由居民主导社区更新的工作，但若这种方式走向极端，会由于缺乏专业知识和资金支持而导致项目无法推进。

为了取得平衡，在望岗村的景观更新中，设计团队采取了一种让政府部门、设计团队、居民发挥各自优势的参与模式——交互式参与（interactive public participation），即在项目设计的过程中让居民拥有一定的主导权，但同时也借助政府力量和设计团队的专业知识对场地设计方案进行推动和实施。

项目推出期间，广州市规划局、居委会、村长、居民代表、设计团队等利益相关人员齐聚于望岗村党群服务中心，共同探讨望岗村景观环境更新的未来愿景。政府部门了解到该城中村的环境设施破败，迫切需要升级改造，以满足当今居民生活休憩所需，并希望能在设计的过程中同时保留当地的文化肌理，使之成为广州市城中村景观更新的典范。但是该项目的挑战很大，大约6200平方米的公共绿地只有约300万元的建设经费，资金非常紧张，几乎只能对铺装、街道家具等设施进行简单的设计。而村长、居民代表等当地人则期待城中村能有更多的休憩空间和更整洁的街道环境，使村民对居住地有更为强烈的认同感。山水比德设计团队在听取了政府部门和民众代表的设计愿景后，开始对望岗村的场地进行深入调研，并进一步采访当地民众，了解他们对于场地的迫切需求。

现场调研发现，整体的环境观感上，存在设施破旧、垃圾堆积于祠堂前广场、道路铺装损毁等问题；交通方面，明显观察到人车动线冲突、汽车乱停乱放等现象。

设计团队分为上午（09:30–12:00）、中午（12:00–15:00）、下午（15:00–18:00）三个时间段进行使用者行为调查，我们向当地的儿童、青中年、老年人进行半结构式访谈，主要询问他们对于场地中较长时间内喜爱与不喜爱的区域，然后了解更为具体的场地使用问题。发现绝大部分人都聚集在大、小两个风水塘附近的树荫底下进行休憩活动，而孩子们则集中于党群服务中心前空地中。祠堂前广场因为人行动线与马路相交、汽车停放占用活动空间，导致该区域内大人与小孩常常无法安心使用。因此，小孩往往只能在党群服务中心前玩耍，以保证自身安全。居民对于场地最不满意的区域主要集中于风水塘附近，认为铺装不平整，排水不畅，临近臭水沟传来异味，风水塘后侧空间缺乏完善的游憩设施（图 4.3.2）。

而在询问当地居民是否清楚望岗村的历史名人黎湛枝（溥仪的老师）时，几乎无人知晓。借由对居民进行访谈，居民对于环境的需求和意见得以露出天际，让社区开放空间的改造可以进一步贴近居民的诉求。

缝补空间的裂痕

经由对场地的调研与居民的采访，设计团队将场地的现状问题主要归结为几大类——环境观感不佳、交通组织混乱、休憩空间缺失等。同时，在解决问题的基础上要把场地的内在文化重新激活。

我们首先有针对性地把村内的街边商铺、变电箱、围墙、垃圾房等影响环境美感的建筑物拆除，留有更多的开放空间，同时也提高了视野开阔度。接着统一了场地附近楼宇五颜六色的贴面。然后将原本位于祠堂前广场的垃圾分类处转移至望岗村的主要出入口附近，不但提高了环境观感，还方便了居民丢弃垃圾。而在细部设施上，改善风水塘附近区域的铺装与高程，让路面更为平整，排水更为流畅，行人更觉安心。

为了在场地中有更多不受车行干扰的活动空间，设计团队对场地的交通系统进行了梳理。在村的入口处，把建筑拆除后所腾出的空间塑造为人行通道，以保证行人与车辆的分流。由于祠堂前广场人流众多，设计团队将祠堂前至原幼儿园路段进行交通管控，让该路段大部分时间只能通行非机动车。经过以上举措，祠堂前广场及风水塘附近被“围合”出安心的活动空间（图 4.3.3）。

除此以外，对于生活休憩空间的营造，根据场地祠堂、风水塘、开放空间的分布，在空间构想上拟定了两条主要轴线，分别是以“祠堂—前广场—风水塘”为主的“传统礼仪轴”和以“党群服务中心—幼儿园”为主的“现代生活轴”。入口空间的空地上，设置口袋花园以丰富场地，而风水塘各侧的开放空间分别设置为西侧文化广场、南侧亲水空间、东侧景观游廊和北侧的社区剧场。紧接着，设计师将设计构想进一步落实，当人们从入口进入时，可以看见矗立着社区精神堡垒的入口花园，平时居民可以在此种花植草，增加情感交流的机会（图 4.3.4）。

图 4.3.2 广州望岗村改造前

图 4.3.3　小朋友心中的理想公园
图 4.3.4　社区居民参与公园营建
图 4.3.5　由社区居民决定设计方案

从党群活动中心往幼儿园区域望去的“现代生活轴”，起始空间为党群活动中心前的党建广场，原有的小风水塘被小桥划开，视线从小风水塘指向大风水塘。打开大风水塘南侧的地面，高程一层一层从地平面逐渐延伸至水面，人们有更多的亲水机会。风水塘北侧拆除的幼儿园区域则被重新塑造为当地居民聚集休憩的活动空间，由南至北分别包括社区公共剧场、生态儿童互动花园和篮球场（图 4.3.3）。社区公共剧场平时是一个可供人休憩的水岸亭台，但若把亭子的旋转门合上，该处则变成人们集体观影的户外电影院和茶余饭后的交流之地。再往北走，则是生态儿童互动花园，此处铺满了砾石，并按照岛屿式样种植植栽，高低错落的植物排布于砾石之上，远看如湖中星星点点的岛屿，降雨时，雨水可顺着砾石和植栽渗入地面以下，使场地保有水量。

地面上，为了不破坏砾石和植栽，架设了一条稍高于地面的黑色栈道，让人们在雨天依旧可以安心穿越这片“枯山水”。沿着栈道的尽头右转，墙上设置了互动装置——“黑白方块”。大人和小孩可以随意移动方块的位置，组成图案、拼贴传语等，人们借此创造出各式各样的小游戏，欢乐的记忆由此迸发。最后，在场地尽端，为了点亮这处四周几乎被楼宇包围、光线较昏暗的消极空间，设计师营造了一个“耀眼”的篮球场，用蓝紫两种渐变色加以界定，西侧的围墙除了原有的互动装置外又加上新的篮球架和健身设施，让原本沉闷的空间变得充满人气。纵观平面，党群中心到幼儿园区域的现代生活轴由此形成。

从祠堂到前广场再到风水塘则形成“传统礼仪轴”，祠堂的传统建筑得以保留下来，祠堂前广场的空间开阔平整，适宜日常和节庆活动（4.3.5）。再往东移，一座游廊架设而出，主亭与风水塘对岸的旗杆石、黎氏大宗祠对望。设计师解构黎湛枝的书法，将其与抽离的岭南传统建筑元素相结合，让当地传统文化重新转译。人们在曲折的游廊中，在水岸树荫中或行或坐（图 4.3.6）。

文化的转译

场地的废弃建筑经过拆迁，环境设施经过重整，设计师为“腾空”的空间营造了新的生活场所（图 4.3.7）。但是，仅仅拥有可供居民休憩的空间远远不够，如何将望岗村的文化特性体现出来，成为考验景观设计师的难题。一般的设计师需要呈现文化时，常常采用简单粗暴的形式，比如直接建造一个岭南镬耳屋形状的牌坊，或者直接把岭南园林的满洲窗原封不动地安置在场所中。这种非常符号化的形式并非毫无价值。但如果不仔细考量，就显得东施效颦了。

再现望岗村的历史文脉时，根据具体情况我们采取了三种策略——保留、挖掘和转译。保留，针对场地旧有的构造物，比如望岗村的祠堂建筑群以及祠堂前的青石板路，设计团队不进行任何改动，在此基础上利用与旧有青石板路类似的材质，统一祠堂前广场的铺装，使祠堂及附近环境在视觉上浑然一体。挖掘，历史著名书法家黎湛枝曾经是末代皇帝溥仪的老师，理所当然成为场地文化挖掘的有力支点。转译，场所文脉在实体空间中的呈现需要经过对内在结构进行分解，于是设计师解构黎湛枝的书法，同时抽离岭南祠堂建筑的细节，转化为墙、柱、拱、廊等构筑物的形式，在场地中形成层层进深的空间（图 4.3.8）。

中国传统园林中几乎没有一览无遗的景观。如果没有“近”的映衬，何来“远”的显照呢？设计师为了在风水塘后的狭长空间中实现空间的深度，将构筑物有致安排在人们视线之前，片段性隔绝后，景观变得温婉而神秘，“犹抱琵琶半遮面”的诗意显现出来，进一步激起了人们探幽的兴致（图 4.3.9）。

以此种种，经过考量和设计，望岗村在环境观感、空间使用、场地文化等方面都得到了提升。同时，回应了政府的企划与居民的意愿，让居民的生活诉求尽可能地落实。场所过去的文脉被挖掘并转译而出，场地过往的历史逐步解封。但这并不代表场所公共记忆“到此为止”。随着居民在公共空间的聚集、交往与活动的产生，此地记忆可以源源不断地孕育衍生。

图 4.3.6　居民有了自己的活动场所
图 4.3.7　市井的烟火就是能够各得其乐
图 4.3.8　没有砍伐的现场——一棵榕树的自然回馈

图 4.3.9　望岗村景观设计，山水比德

Ⅳ-4

废墟的重生

这里是国内最大的钢厂之一，曾是废墟，如今是广钢公园。事物在时间流逝和抛光中解体，而“废墟”却不受影响。如果时光都不曾抛下它，我们当然没有理由放弃它。我们重塑生态，传承使命，回归生活，让它犹如一个有机生命体继续生长，再度被回忆。

图 4.4.1　广钢公园景观设计（一），山水比德

广钢公园在“广佛番”三地中心的广钢新城，位于花地生态城东南部、珠江西岸，距离白鹅潭商业中心 2.5 公里。珠江和花地河在广钢公园附近交汇，传统的岭南风情地区与自然风景芳村花地也借由广钢公园串联起来。

本次规划的广钢工业遗址公园是广钢新城的中心绿地，线性地块结构，长为 1785 米，最宽处为 280 米，东至芳村大道南，西借花地大道中，该地面积约 34.72 公顷，用地性质为公园绿地。项目地块分为东、中、西三个区域，其中工业遗址主要集中在中部区域，其次为东部，西部遗址较少。因此东、西部空间植被生长杂乱、构筑物相对密集。根据对未来游客的预测，广钢公园将成为广州市一个大型综合公园，服务直径为 5 公里，约 20.7 万人（图 4.4.1）。

这里曾经是国内最大的钢厂之一，拥有较完备的工业设备、生产线、服务设施。高耸的生产设施、锈迹斑斑的工业设备，隐含着说不清道不明的美感，在工业废墟之上隐喻着一个时代的离去。政府对于该项目在政策、资金和建设等方面给予了极大的支持，在交通建设、居住区策划、产业园区布局等方面投入良多，力求将该公园打造成广钢新城的枢纽型公共休闲场所。尽管广钢公园的景观资源与发展政策很有优势，但是在设计时也面临着不少挑战，包括工业遗址的美感挖掘、场地受污染的土壤修复、与区域规划进程相匹配的更新建设、场所记忆的重塑等内容。此外，因为周边居民参与市政项目的决策心较强，如何在艺术化处理场地问题的基础上尽可能地满足和平衡公众的利益诉求，是考验设计师的严峻难题。

我们在广钢公园的设计中借鉴景观都市主义的理论和概念：过程随时间变化、时空生态学、水平的流动性和蔓延、网络状基础设施、综合的技术等。根据广州城市更新和广钢中央公园工业文化遗址的时空发展特征，衍生出“时间生长”的设计理念。即考虑到公园未来发展可能遇到的不确定因素，将弹性思维贯彻到项目的设计、建造、维护及未来发展等各个阶段中，把公园的整体建设分为三个阶段进行，分别为“重塑生态”、“传承使命”、“回归生活”，让工业遗址犹如一个有机生命体，能在城市的“生态环境”中得以健康“生长”。

废墟美学

前期调研后，我们发现广钢原址留下了丰富的工业遗产建构物和设备。虽然场地设施锈迹斑斑、杂草丛生，一片废弃、污染、混乱的景象。它既非工厂又非荒野，可以贴上“模糊地带”、“废物景观”、“残余景观”等标签，一般来说给人带来恐惧、痛恨、蔑视、厌恶等多种负面情绪。不少设计师面对这种“糟糕”的景观，一贯的态度是避之而不及，在手法上将这些设施抹除，重塑精致、高雅。但随着后现代主义的出现，精英文化审美模式逐渐向平民文化转变，事物除了精致优美外，还有更多的可能，平凡甚至是令人厌恶的东西，经过巧妙的艺术处理后，也许可以成为一种蕴含特殊美感的事物（图 4.4.2）。

因此，广钢遗址上的大体量工业设备未必是被铲除的对象，杂乱的现场也未必是完全负面的。或许可以选择另一种方式挖掘其潜在的美感，以较少干预原场地的手法重塑景观。

英国经验主义美学家认为，美不是客观事物本身，而是存在于人的判定和观察间的某种关系。经由不同人的解读，可能会不同，因此不可能有确定的标准。随着时间的推移，人们逐渐意识到美不是只有一种，反传统美学的思潮慢慢为人们所接受。并非只有精致的、优雅的美，凌乱的、缺憾的美等也在不断开拓美的范围，该思潮又影响到了建筑及景观设计领域。

事物在时间流逝和抛光中解体，而“废墟”却不受影响。回到场地上，我们在实地勘察中不难发现其废弃、凌乱中的一种颓废美：一种反传统美学的另类。同时，场地上的工业遗留恰好是人类工业文明的发展见证，作为公园中的景观构成要素，它们理所当然地要予以保留。除了工业遗址所留下的颓废美以外，场地的杂草丛生也隐含着另一种美学形态——生态美学。生态思想经过长时间发展，在设计上与美学法则碰撞出了生态美学，人们不再一味地认为自发、肆意生长的荒野景观是负面景象。从生态美学的角度来看，荒野景观因为其充满难以模拟的生长特性，诞生出了一种有别于人工种植的野趣。

综合以上特点，设计团队采用最小干预的设计手法，尽可能保留场地中的工业遗址和原有植被，并在此基础上对工业遗址进行重新设计与再利用，让其在新的时代中焕发全新的价值。

图 4.4.2　广钢公园景观设计（二）：山水比德

生境重构

设计师处理场地的首要难题就是修复棕地。所谓“棕地”（brownfield）是与“绿地”（greenfield）相对应的规划术语，美国、加拿大对棕地的定义偏向为“废弃且疑似被污染的土地”。前期调研时，设计团队发现场地土壤被多环芳烃、重金属等物质所污染，土壤中层与深层污染较为严重。虽然进行了修复和处理，但问题依旧不容忽视。

为此，设计团队采取了多种措施。首先，针对土壤中的有机物和重金属复合污染，采用化学、工程、生物治理与植物种植等方式，利用植物尤其是超富集植物 [如蜈蚣草（Pteris vittata L.）、羽叶鬼针草（Bidens maximowicziana Oett.）、鸭跖草（Commelina communis L.）] 对土壤进行持续性生态修复，由此奠定了广钢公园土壤生境重构的基础。

其次，在场地中运用海绵城市、绿色基础设施等景观生态理念，进一步修复和重构场地生态。梳理场地的生态肌理，建设绿色基础设施建设，包括雨水花园、下凹式绿地、生态草沟、生态树林、屋顶花园、垂直绿化、屋顶花园等，对场地的水资源进行拦截、滞留、保留与过滤，有利于场地的雨洪管理、微气候调整，提供生物栖息地和植物的可持续生长。在场地设计中，根据场地特点营造三个生境重构区域，由西至东分别为生态活力区、科普体验区和艺术创意区。

场地中的低洼地区设计为雨水花园，种植沉水藻类植物、耐涝的和具有观赏性的水生植物，如穗花狐尾藻（Myriophyllum spicatum）、黑藻（Hydrilla verticillata）、蒲草（Typha angustifolia Linn.）、水葱（Scirpusvalidus Vahl）、美人蕉（Canna indica L.）、鸢尾（Iris tectorum Maxim）、菖蒲（Acorus calamusL）、荷花（Lotus flower）、睡莲（Nymphaea L）等，实现场地的雨水滞留与净化、提供生物的栖息地。在场地西部和路旁分别设置下凹式绿地、生态草沟，以滞留更多的场地雨水，提供更多的生物栖息地。在整个割裂的工业地块中，种植大面积绿地，串联林荫大道，除了提供基本的生态功能外，还给予人们休闲游憩的空间。

场地中的生境重构可提供市民参与、艺术创意、科普教育等众多功能（图 4.4.3）。包括把传送带、铲煤机械等旧设备改造成市民参与的创意花园，同时建造土壤分层迷宫，将种植层、建筑垃圾、重金属等分层设置，并展示给民众，传播土壤修复改良的相关知识。由此，生境重构除了对场地进行生态修复，还实现了市民参与、科普教育等多方面功能，完成了棕地的一次重要转变。

图 4.4.3　广钢公园景观设计（三），山水比德

过程性导向

过程性导向，指的是过程作为设计的形式，即充分尊重场地的自然演变过程，以场地的演变肌理为蓝本，更进一步将这一思想融合到场地生态演变中。广钢公园建设可能面临未来各种不确定因素，为了应对随着时间推移而产生的不确定性，我们引入时间的维数，把景观设计看作一个变化的过程。正如科纳所言："我在此倡导的景观阐释的回归，既不是农耕劳作本身，也不是其功能主义实践，而是强调伴随时间性的参与和使用的体验亲密感，并且将几何的、形式的关注置于人类经济的背景下考虑……表演性、事件的预期性超越了外观和符号"。

广钢公园的规划设计中采取分阶段开发的策略，分为"重塑生态"、"传承使命"和"回归生活"三个阶段，广钢遗址如有机生命体，让弹性思维得以贯穿于设计、建造、维护、未来发展的各个阶段，在城市更新中更好地适应环境变化（图 4.4.4）。

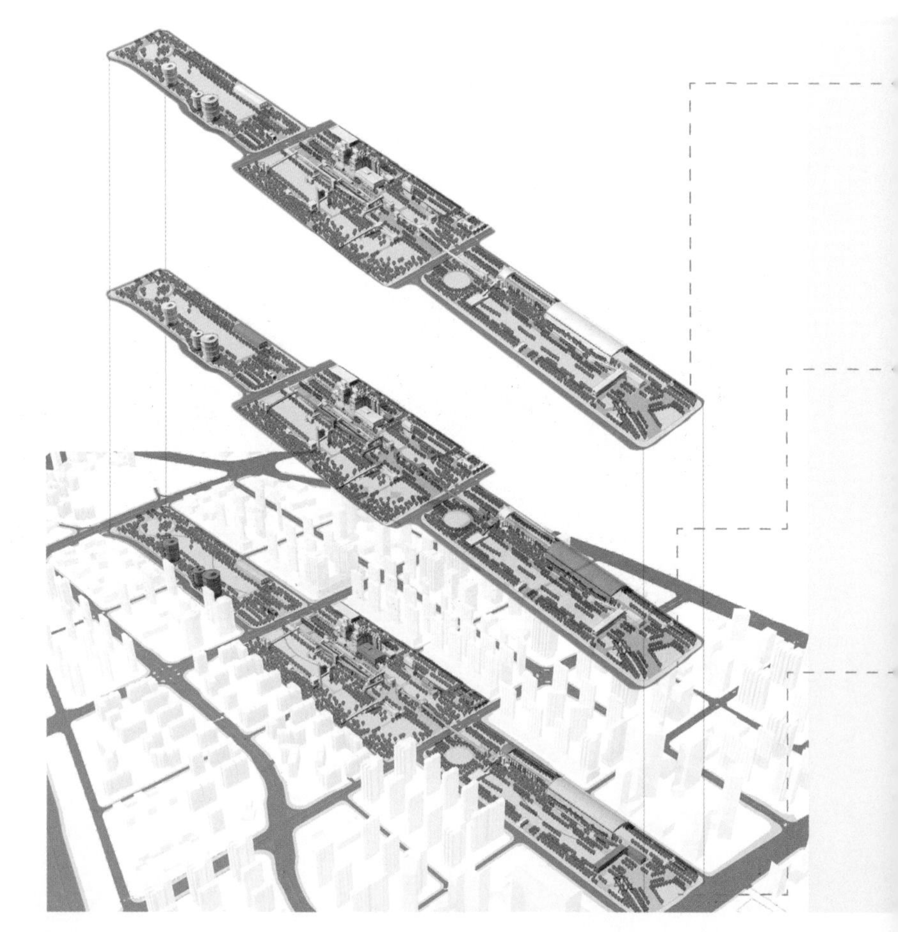

第一阶段“重塑生态”，梳理场地生态，利用透水铺装、生态草沟、雨水花园等一系列措施建立场地的生态基础设施，使水资源得以保留，微气候得到调节，形成生物栖息地，保证植物的生长，同时利用化学、工程、生物等多种手法持续地对受污染的土壤进行修复。预期2—3年逐步结合构筑物的修复利用，形塑城市中的休闲生态绿地。

第二阶段“传承使命”，预期3—5年实践，场地的生态基础建立之后，融入景观叙事的手法。以“广钢精神”为轴，挖掘广钢的发展历程、“钢铁工人”等奋斗故事进行再述和精神传承，把“钢铁精神”与“奋斗人生”在空间中具象化。有别于其他设计师仅把叙事内容置入视觉的做法，除了在观感，我们还在触感、场景感、体验感等方面着手，让人们可以在景观中从观赏到互动，多维度地了解钢铁之魂。

第三阶段“回归生活”，公园的生态、空间经过重塑之后，人的活动与场所应当共生。空间本是“死寂”的，但当加入了人，则得以升华，变成了场所。为了改变工业遗址与当代本土生活的割裂现状，让广府的生活文化能够蔓延，甚至产生奇妙的化学反应，本项目还将抓取和注入人文活动于场所中。除了“榕树下闲谈”、“早茶”、“花街”等传统广府活动在公园中开始序章外，还将品牌中心、创客中心、钢铁大舞台、广钢图书馆等现代人文活动引入公园当中，让人文活动的历时变化也能体现在场所中。

多阶段的规划设计，使广钢公园能够更加灵活（flexible）、弹性（dynamic）地应对场地的生态、空间、活动等问题。这种设计手法让景观变得具体但却不过度丰满，给该空间预留了开发的潜力和应对风险的弹性，使生态脉络、广钢精神、广府生活等元素得以在此交融、生长，衍生出源源不断的变化。

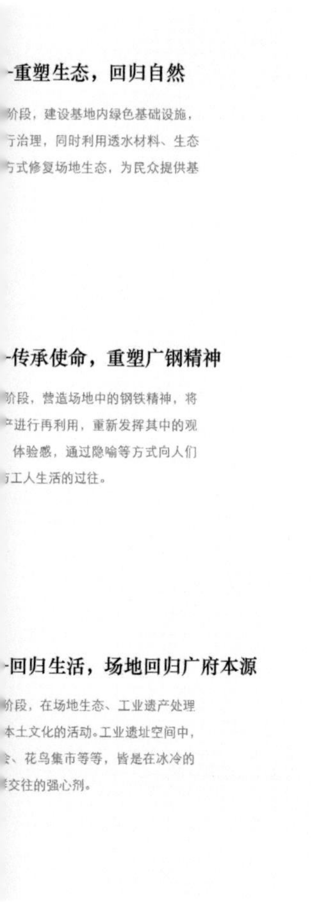

-重塑生态，回归自然

阶段，建设基地内绿色基础设施，
亍治理，同时利用透水材料、生态
方式修复场地生态，为民众提供基

-传承使命，重塑广钢精神

阶段，营造场地中的钢铁精神，将
产进行再利用，重新发挥其中的观
体验感，通过隐喻等方式向人们
工人生活的过往。

-回归生活，场地回归广府本源

阶段，在场地生态、工业遗产处理
本土文化的活动。工业遗址空间中，
、花鸟集市等等，皆是在冰冷的
交往的强心剂。

图4.4.4 广钢公园景观设计（四），山水比德

公共性记忆

设计一块场地，除了空间的营造外，至关重要的还有场所中人的情感与记忆。场所精神就是由人与环境长期相互作用产生的。它建立在人与环境复杂联系的基础上，使人在思想和情感上对特定场域产生方向感、认同感和归属感。

在景观设计中除了挖掘场地过去的历史变迁以唤起人们的记忆外，塑造全新的景观也是一种建立场所认同感的途径——例如埃菲尔铁塔之于巴黎。我们在处理广钢公园的公共性记忆时，不仅把工业遗址留存的钢铁精神呈现于世人面前，还通过建设全新的活动场所让人们在此凝练出新的场所记忆（图 4.4.5）。

隐喻，是广钢公园中激发钢铁精神的主要设计手段。设计师借由场所中遗留的工业建筑、构筑物，对场地原有的材质、纹理进行提取，保留激发工业美感的元素。在此基础上，更新改造工业遗址，延续场所空间氛围。例如将废弃生锈的钢板用作广场地面铺装、将煤渣铺设为林荫广场、将高炉炉体改造为空中廊桥等。这些废弃的遗址片段减弱了人造物对自然环境的影响，兼顾了历史和现代风格，具备令人震惊的严肃力量，捕捉了广钢曾经的辉煌、宏伟。它们体现了城市另一面的柔软和脆弱，也唤醒我们对过去的思考。

更新，是将原有的工业遗址再利用，设计为全新功能的场所。原有的干煤棚，一楼利用空间的拉伸折叠形成流畅的参观动线，成为社区艺术长廊。上层折叠型廊道展览结合声光影响、艺术装置，传达予游客钢铁生产时代的热血精神，整个干煤棚变成了广钢博物馆（图 4.4.6）。焦化厂主烟囱和大草坪则改造为音乐广场，可以在此举办摇滚音乐节、露天电影等活动。靠近社区的一侧开阔区域改为全龄运动中心，轮滑、滑板等极限项目皆可以在此进行（图 4.4.7）。博物馆、艺廊、音乐广场等全新的形式与活动在原有工业遗址的基础上蜕变衍生出来，全新诞生的活动并非就不能形塑公共性记忆，如劳瑞·欧林所说，全新的活动与形式，同样是塑造公共记忆的重要手段。

挖掘与保留旧有记忆，通过现时的活动形塑崭新的记忆，这是广钢公园对待公共性记忆的态度与手法。面临城市更新的复杂变化、都市生态的迫切需求、人文活动的需要，我们平衡与协调各方需求与利益，并借衍生出全新的景观形态和人文生活模式。

图 4.4.5　广钢公园景观设计（五），山水比德

图 4.4.6　广钢公园景观设计（六），山水比德
图 4.4.7　广钢公园景观设计（七），山水比德

Ⅳ-5

异质的日常性

一个建筑的庭院应该是由建筑师负责，还是景观师的责任？景观的典型手段是“培育”（cultivate），而建筑则是“建造”（construction）。我们在两者间的地形学一途上求索，让白鹭湾社区花园中的林木在时间中被激活，藏于自然的模糊性展现了无尽的可能。

景观营造的意图之一当然是创造栖居者的生活日常性。因为过于在概念上纠缠，修辞经常将通向景观日常性的路径遮盖，即便大多数风景园林师的出发点是好的，决心强烈，理想充沛，但往往并不能得到满意的设计实践。有时，在风景园林师的创造活动中，“冠冕堂皇的理念”过多地侵占了“扎实可行的操作方法”。景观营造的宏愿，在一定程度上时不时偏离了原初的设想。

山东日照白鹭湾的项目中，我们试图在“大”概念和“小”操作的失衡状态中找到两者的平衡。在这里，平衡感具体指的是，既不丢掉位于概念层面上的理念，也不忽视通往理念的方法。因此，在白鹭湾的设计中，总体的概念是“日常性”，而实现概念的设计理论有三层（地形学、异质性和韧性）。而且更为关键的是，设计师在总体概念和设计理念的基础上，在场地形式塑造、空间关联、生态系统等营造层面上将那些看似缥缈的思想实现落地，唯有同时打通上下游设计链条的衔接问题，设计师的愿景和构思才有可能部分实现。

白鹭湾社区公园在日照潮白河附近，占地面积约8公顷（图4.5.1）。这个项目隶属白鹭湾项目综合体（总占地面积约40公顷）。尽管设计地块的面积只占整体项目的1/5左右，但价值却不容小觑。作为一处开放空间的社区公园，在视觉观赏、康体活动、休闲放松和生态效应等方面都能发挥重要作用。

这里原是一片高尔夫球场的附属用地，形似一个碗状的草地峡谷。鉴于之前已经论述过平地起园的设计逻辑，我们迅速意识到这一次场地设计的抓手可能不是历史痕迹和变迁了。于是，我们设计的重点应该重新思考，这就提出了问题：如何在现有场地中抓取其他的属性，从而营造出丰富多彩的生活体验？

根据之前说的三重设计理论可知，地形学是充当设计方案的起点和场地重塑的基础性骨架。原本是土壤暴露且贫瘠的凹形草地，我们对地形进行拉伸、舒展的修整，褶皱出或紧凑，或舒缓的空间变化。借由地形所形塑的“空间”与“形式”，让景观与建筑得以合而为一，两者进行调解与协和的对话。紧接着顺应肌理，社区公园的植物区划、功能划定、视线的引导、建筑物的处理、道路的设置等方面也就从场地的隐性潜力和显性力量中逐步演变出来了。

异质性强调材料与体验之间的联动作用，以增强游人在社区公园中的五感丰富度，同时还处理多元活动类型与身体的多重开放体验。在韧性的理论下，一系列生态可持续性问题将得到处理，生物栖息地的重建、雨水的收集和利用和植物生态群落的地域性建立等，都将会为社区公园增加生境的稳定性和层次性。

图 4.5.1　白鹭湾公园（一），山水比德

地形之歌

白鹭湾综合体由社区建筑、家·美术馆和社区花园构成。设计学界经常辩争景观与建筑的从属关系。一个建筑的庭院应该是由建筑师负责，还是景观师的责任？如今，白鹭湾的社区花园同样面临这样的困境，它被周围的社区建筑所围绕，同时在花园的西南侧有一个美术馆，景观与建筑的界限在场地中同样显得模糊不清。

景观与建筑两个领域自然存在非常多的差异，景观的典型手段是“培育”（cultivate），而建筑则是“建造”（construction）。我们可以从两者面对自然世界的态度和趋势来观察这种不同：例如在雨季，屋顶抵抗着雨，而人工湖喜欢雨。面对同样的自然环境，建筑常常是在与自然对抗而不是合作。因此，从在自然环境中进行创造性活动的角度看，建筑更像是在生产，而景观更像是在参与。

当然，建筑与景观间有共性——地形学。无论景观还是建筑，都是土地上的创造方式，两者共享地形所围塑的“形式”与“空间”概念。借此，设计师若以地形作为主要的设计框架，那么就有机会缝合景观与建筑间的缝隙。在白鹭湾社区花园设计中，我们在场地中创造着地形的褶皱与舒缓，将建筑与景观融合在了连绵的草坡当中。景观——作为“生产性的实践”，建筑——作为“参与性的实践”，无论是草坡、池水与自然的合作，抑或建筑物对自然的抵抗，经由地形统合在一起，两者间的属性开始交换与融合（图 4.5.2）。

空间因地形的起伏而产生了模糊性，其状态不再纯粹。连续的虚空间出现了，它是由草坡、岩石、植物围合成的。家·美术馆和社区建筑则借由地形的形塑，与外界的环境相融。美术馆的室内状态、池水岩石的室外状态由此变得模糊不清。

园内的路径几乎是顺应着花园的地形生长的。不同以往的园路设计是固定且分级的，白鹭湾的项目中，因起伏的地形充满了变化与不确定性。为了回应这种模糊，场地路径也相应被设计成不等宽的，在保证可通行性的原则下模糊宽度，构成充满起伏的韵律。从场地西南侧市政道路到家·美术馆之间的水平距离约 25 米，但高差约 10 米，设计师为此把入口车行道拉长，顺应着坡度拉伸成如蛇一般的蜿蜒曲线。通过这一举动，道路既回应了地形的变化，又让人们可以在不知不觉中进入花园（图 4.5.3）。

待人们进入花园内的家·美术馆时，入口路径的选择是模糊的。在连绵的草坡中，人们既可以选择由潜在地形中的地下入口进入，也可以由面对水池一侧的入口入内。路径没有绝对的指示性，因此人们进入美术馆的过程中，偶然感也相应产生。美术馆入口空间的模糊性，让它的属性不再纯粹，带着室外与入口两种属性。

借由连续的地形，视景的变化也由此延展开来。在家·美术馆面对水池一侧的入口往外望去，水池东西距离大约只有 30 米宽，为了在有限的空间中营造出绵延不绝的视景，设计师在水池的横向与纵深的景观上进行了巧妙的处理。在横向景观上，原本的地形是两边高中间低，设计师依旧保留其低洼的形式。在纵深景观上，从美术馆往水池望向的五个草坡由近至远坡高逐渐叠加，池水在远处蜿蜒并隐入草坡中，近处种植高大林木，较远的土坡上则密植小型树木，虽然视景纵深只有短短几十米，但借由草坡的高差变化与前后植物的大小对比，视错觉原理让人们可以在此处感知到悠远无尽。

花园中，为了让人们在狭小场地中尽可能欣赏到更多，我们用工程建造将多重体验呈现在观者前。其中，从家·美术馆二层的架空弧形公共剧场，往户外望去，围合起来的上下结构如一只眼睛，纳入外界形态颜色层叠不一的森林，将纯粹的林木聚于眼前。为了让人们可以从不同的角度欣赏园内与园外，观景栈道、高地观景台等也由此建立，距离水池平面约 6—8 米。位于花园北部的社区观景台由深棕色耐候钢构成，质量轻、强度大，同时容易与环境色彩融合。人们由观景台穿越樱花林冠中，林木叶色不一，不经意间远处流水瀑布因音现形。南部行山栈道观景台，用金属网等材料作为围栏，在避免鸟类撞向玻璃围栏，同时提供停留空间，让鸟类与人类可在栈道中共存。转入场地东南处，在顺着坡度的路径架设混凝土的结构，设计师特意利用遮挡视野的混凝土入口，通过视野的开合对比，让人们得到豁然开朗的视觉感受。

地形的起伏使空间产生了变化，同时界定了不同的区域。为了增加场地的异质性，设计师根据阳光、坡度等自然条件拟定不同的种植植物，结合不同的种植模式，提供丰富的林下空间和活动形态，同时在廊道、栈道等路径或结构的材料上分类选择，给予多样性感知体验。

图 4.5.2　白鹭湾公园（二），山水比德

图 4.5.3　白鹭湾公园（三），山水比德

异质性

在城市规划和风景园林领域，“异质性”（Heterodite）是个内涵丰富的词汇，它能够同时指涉规划和设计两个层面。异质性是同质性的对立，尤其在20世纪，都市大规模建设，行业人士基本都接受简·雅各布斯的“街道是异质性都市生活的典型代表”的观念。异质性强调多元性，主张在特定的空间中容纳不同的事物，以增加自身的丰富度。异质性不仅包括空间构成上的多重组合，而且到达了体验的维度。因此，一个景观是否具有异质性，需要兼顾物理环境和感知体验两个方面。

因为自身所蕴含的那种不可化约的、多样的属性，相较于同质性，在遭遇外部力量干扰的情况下，异质性更能抗逆。我们介入场地时，一方面需要尊重场地内在的多层次肌理信息，这些原始信息维护着场地的异质性，一旦抹除，想再找回难上加难。另一方面，构思如何增加景观的异质性应该是根本出发点之一，一旦新的建设活动能以增加异质性为目标，那么，中国文化意义上的“风景”

便可能显现，而这正是我们营造栖居环境的归宿（图 4.5.4）。

为何异质性能抵达中国文化传统中的“风景”呢？这又回到了山水比德自始至终一直关注的山水研究。

在朱利安的《山水之间》中，使一块土地具有“风景 / 山水”的效应，必须满足三个因素之间的相互调整和共振：第一，独特性（singularisation），只有当人们意识到此处的风景具有独特性，才能让它从众多事物的无名状态和惯性情况中涌现出来，进而脱离出平淡无奇的地表，恰是独特性让人驻足观看。第二，多样性，处于张力中的风景 / 山水内在于“势”，它既让自身与周边的大地深挖出一个间距，更重要的是，在风景内部也深挖出间距，恰恰在这些间距中隐藏着多样性，而潜能便盘旋于山水的两极之间。第三，远（le lointain），它能让风景回归风景设计，解放风景内部被划定的各种特征，使那些不具有指定性、模糊性和超越性的因素无可明之，让人憧憬。从朱利安的风景逻辑来看，异质性是一个生成山水 / 风景的综合概念，在一定程度上包括组成山水 / 风景的三

图 4.5.4　白鹭湾公园（四），山水比德

大要素。景观内部元素的组合形式（异质性模式）决定了独特性，景观元素的单体数量（异质性的构成单位）决定了多样性，景观元素之间的关联性（异质性内部分离且相关的状态）决定了远。在此，异质性的概念其实是通向山水的营造，回到风景园林设计。众多知名风景园林师也试图实现景观营造的异质性，法国设计大师贝尔纳·拉索斯（Bernard Lassus）就是簇拥异质性概念的旗手之一。他指出设计师应充分挖掘出场地中的显性或隐性的肌理，通过艺术性的转化使该景观塑造成独一无二的作品。

综上而论，在白鹭湾的景观设计中，异质性被重置、延伸为追求设计的理论点，且在材料、视觉、空间等层面上通过使用不同的手法、形式营造其异质性。主要载体是两个尺度上的道路设计（图 4.5.5）。在白鹭湾社区的大尺度上，全长约 2 公里的路段被设置成 6 种不同的道路类型：森林栈道、林上栈桥、攀山步道、社区步道、花园步道、寻山步道。类型主要依托场地条件和功能区分。在这段大环路中，每个局部的路段都设特定的运动和漫步主题，目的是让居住者能在异质的道路上体验到差异的风景体验。例如，寻山步道两侧一闭一开，使得居住者漫步于此，北向而望可见社区外围的潮河。

在公园的层面上，步道系统在社区的深林探野区具有自然野性的特点。但在社区公园的内部，这些内部的道路系统又设置成 5 种不同的类型。与此同时，借用中国传统园林洄游式游览路径的手法，将环形和交错的游径设计策略纳入进来。通过建造步道网络系统，让游览路线得以延伸到地形起伏的公园各个角落。

这些相互交错的步道上，不同的路段由不同的材料建造。道路的异质性不仅体现在其穿越景致的差异性，更在于构成道路材料的视觉审美和触觉感受。分别使用毛石、耐候钢、再生骨料混凝土等材料营造不同质感的路径。公园内的步道不仅有平行于地面草坪的，也有下沉于地面中的，还有悬空矗立于林木之端的。地形高程变化带来的体验差异也是异质性的一种。人们在环形的步道中，一会儿穿梭于林木与水池，一会儿沉浸石造的步道之中，一会儿忽然爬上架设于林冠间的栈道，多变而偶然的体验由此丰富起来。

自然的筑巢

当代景观设计若只在形式与功能上进行考量，还远远不够，生态也是极为注重的议题之一。如何在场地中通过生态设计提高韧性，显得尤为重要。场地的韧性，是指其面对暴雨等自然灾害的冲击和破坏能够有更强的抵御力，并能够快速地恢复、保持其功能与活力。场地韧性一旦建立起来，群落在面对自然灾害时就更加稳定。在白鹭湾社区花园中，土壤曝露，植物贫瘠，为了修复场地生态环境，

图 4.5.5　白鹭湾公园（五），山水比德

营造栖息地，对场地进行水资源管理，同时呼吁人们重视对环境生态的保护，我们采取了多项措施。

设计师搭建场地栖息地，当场地中的非生物因素和生物因素适宜时，生物群落多样性才逐渐丰富。根据日照市白鹭湾的温度、湿度、雨期、日照时间等，我们选择适宜当地环境的植物重新建立生境，提供多个物种赖以生存的环境，为当地的物种多样性和丰富性提供生长的条件。

在植物的生境营造上，为了尊重场地的自然肌理，尽量不干预原本的生态。首先将原有的松树、栗树等树种进行保留，接着为了维护整体生态系统的稳定性、生态系统服务功能、小型生物群落的多样性，再种植对环境耐受性强的优势树种，比如枫树、银杏、落羽杉等。

在此基础上，与客户商榷后，引种樱花作为主基调，辅以五角枫、茶条槭、鹅掌楸、黄栌等随着季相变色的植物，以凸显不同形色的特征。通过对场地的气候调研发现，场地中北部的阳光、坡度、风向等条件最适合生长樱花，因此在该处选择种植北国樱、昭君、杨贵妃、红叶樱等樱花品种，春季樱花花期长，又因樱花种植在迎风坡上，一旦风吹，花瓣飘落如雨。以此为基础，我们进一步将植物与地形、空间的关系进行整合，通过条列种植、散点种植、混合种植、单株种植等方式，营造出如“樱花古道”、“疏林樱花”、“樱花夹道”、“壹樱独秀”等主题形式，让樱花林超越其原本的植物属性，转变成廊道、疏林、观赏焦点等不同的空间与形式状态，实现了林木自身状态的转变。

由此，通过保留原有植物、引种优势树种、种植观赏性树种三个主要手段，场地的生境得以营造，搭配出不同层次的植物美感，生态美学得以发挥。随着植物生境群落的完善，植物种子、昆虫及幼虫等又为鸟类等动物提供食物来源，让丰富了场地动物群落，生境的稳定性进一步提高。

为了让场地应对雨水灾害时更具“免疫力”，我们还将弹性思维贯彻其中，通过建造雨水花园、湿地等水资源环境，达到储蓄雨水、调节微气候、净化水质、增加湿地生物多样性的目的。我们计划处理原有的小水塘。首先，修整场地整体地形的坡度，使雨水等径流皆能汇集到中部区域的低洼水池中。其次，将原有的低洼水池扩大，增大和变缓水池的坡面，让水池的边界自然化，维持其泥土属性的软质驳岸，赋予水岸植物生长的可能性。（如黄花鸢尾、再力花、芦苇、荇菜、香蒲等），这些植物适应性强，还通过吸收水中的有机污染物，净化水体。社区花园中的森林瀑布坠入池水中，增加了水中的含氧量，加快了水池有机物的分解，使池水水质更加清澈。

当然，进行生态修复还远远不够，我们进一步借用符号的力量，通过展示牌、数据可视化等方式将生态修复的过程展示给大众，普及生态科教的知识和发挥环境教育的作用。所以，设计团队在场地中设置相关的环境标志系统，展示可持续环境保护的知识和策略，通过科技手段对社区景观进行维护、对景观生态数据进行分析和可视化，以此向人们宣传生态保护的知识。

历经洗礼之后，白鹭湾社区花园的栖息地、水资源管理等环境形态在此生长，植物在不同的季节也开始展现各自的姿态，春花烂漫、夏叶长青、秋林尽染、冬枝百态，时间激活了林木之间，让模糊性弥漫于植物之间。

人们漫游于地形起伏之间的缝隙，偶然间，登高驻足远眺层次丰腴的林木，毛石、耐候钢、混凝土等各色材料赋予着场地无尽衍生的异质性，同时地形的变换又为场地的生境营造提供了潜藏的可能。随着时间的推演，生物的多样性即将在此展开。我们从提炼白鹭湾地区的地形异质性注入场地，再从材料、视觉、空间等方面拼贴更多的可能，最后在此基础上应地形塑坡地、洼地等不同的生物栖息环境，让时间力量通过生物成长现于眼前，异质性的原则也因此而产生运作。

Ⅳ-6

从白云山长出来的树

10 年，不够悠久，却足够长，长到可以考验设计师的理想与智慧。10 年前，大一山庄项目启动，我们将“第二自然”的元素装进了先锋建筑中。在山麓深处，一场漫长的实验就此展开。借由现代化的随意性，我们将“水月云天”的意象展开成大一山庄。水色、圆月、云霞、天人，那些风格迥异的别墅，在自然中展开，如同生长出的一般。

图 4.6.1　大一山庄（一），山水比德

大一山庄（图 4.6.1）位于广州市白云区白云大道北白云山麓，占地面积约 18.4 万平方米，70 多座风格迥异、生动别致的独栋别墅交相辉映。设计的目标是打造一座白云山脚下的桃花源。这个设计主要包含的理论点有四个：场地的连续性隐喻、公共与私人领域的渗透、时间的痕迹和生境的营造。

连续性隐喻

正如在第 3 章中所讨论的那样，场地是新山水理论具体操作方法中的核心内容，风景园林师触摸场地的主要手段就是发掘其独特性（specificity），恰是独特的场地属性决定了方案铺陈路径有法可循。自然和社会环境从整体和细节两个维度限制和引导景观最终的形式、空间以及材料，因此，基地条件有先决性的意义。故而，任何针对项目场地的讨论，都离不开对场地介入方式和生成逻辑的先导分辨。

大一山庄场地环境的独特性无疑是周边山体的自然基底，即白云山的山麓处。白云山是广东最高峰九连山的支脉，全境面积 28 平方公里，典型的山地次生森林生态系统，森林覆盖率 95% 以上，为项目提供了丰富珍贵的自然环境条件。

基于对大自然的尊重与敬畏之心，在满足设计任务要求的同时，我们以一种衬托自然的姿态表达对白云山的尊敬。景观试图采取以退为进的策略，从而确立一个“反向”的目标：在时间的魔力下，让森林生态恢复人工介入之前的原始状态，使城市建设用地能在视觉上回归自然森林属性。如果可以，大一山庄将成为一座郁郁葱葱的自然之境，倘若俯视这片区域，上帝视角下的大一山庄好似白云山的余脉一般，蜿蜒伸入羊城的腹地。

通过现场调研和图像分析，宏观而言，大一山庄的场地处理策略是，将这块场地与外部环境之间建构出一种可见又不可见的关联，即“把大一山庄变成一棵生长于广州白云山的参天大树”。此愿景既是带有修辞的比喻，又具备设计维度上的可行性，这种可行性主要体现在景观自然纯野之境的营建上。

大一山庄定位为国际顶尖别墅楼盘，项目主要由 70 座千姿百态的独栋别墅组成，多样建筑风格在这里汇集、对话、交流。这些建筑分别出自 70 多位国际顶尖建筑师之手：当今建筑泰斗瑞士建筑大师马里奥·博塔；上海世博会总规划师、法国 AS 建筑工作室的建筑大师马丁·罗班；近年在海内外技惊四座的中国新锐建筑师马岩松；世界第三大建筑事务所美国 NBBJ；亚太地区建筑设计领军团队澳大利亚 WHI 等誉满业界的众多国际建筑大师。这些别墅深藏密林之中，倚势借景、幽静宜居，每一栋还都强烈彰显着独特的风格——“每一栋，世界仅一栋，尽是艺术品”（图 4.6.2）。

大师之作当然天工巧匠，然而对山水比德也带来了巨大挑战，那些类型和风格迥异的建筑物，连接其间的景观设计到底该求同存异，还是该如何？若服从于每一栋建筑风格来营造项目，极有可能使整个项目变成一个“大观园”，变成各种风格的凌乱叠加，进而导致区域生态系统、空间形态（视觉）的失衡。如何以某种特定的景观气质调和这 70 余种犹如马赛克拼贴风格的建筑群，需要我们进行探索。

在当代著名学者莱瑟巴罗的理论中，建筑是一种建造活动，而景观则是一种培育过程（cultivation）。用培育的过程性协调建造的即时性，完成特定的和谐状态。因此，解决的策略又回到上文提及的连续性隐喻上。一方面，在基地与外部白云山的关系上建立初步的联系；另一方面，用自然主义的景观营造途径在空间内部建立连续性，从而软化建筑风格的多样性，打造一种复合的、整体的天然山水之境。

具体而言，要着手维护自然环境（生态 – 美学）的完整性和协调性，利用现代景观理论中关于“地志连续性”（topographic continuity）的基本理念与方法，将水平层面（不同单元、生态系统之间）和垂直层面（同一单元、生态系统内部）的景观发展过程分别置于空间和时间维度，再逐层构建与恢复场地的自然生长过程，让人工建造（建筑或景观）能够重塑场地内外的连续性关系。

在水平层面，设计目标是构建葱郁的城市森林，引导森林突破城市造就的钢筋混凝土坚硬壁垒，向城市内部方向延伸生长。也就是说，设计想要达成一种都市绿岛的概念。具体策略包括两种：一是以最适密度种植法形成良好的林冠截留量，从而达到浓密林冠层；二是所有的植物种植形式均营造出自然群落的景象。以植物配置成自然生长的群落式，众木成林，让构筑物掩映在多重绿化之下，真正实现无缝的可居住的自然延伸（图 4.6.3）。

在垂直层面，主要处理关于建筑与场地的关系。相较于把建筑视作简单消隐的对象，在场地里经营其低调谦逊的姿态，更能带领人们真正进入风景中，在记忆中扎根，如同山腰寺庙的隐匿映像。我们试图经营建筑与林冠、山石的位置关系，让建筑错落嵌合于山石、林冠之前后。深浅，远近等皆不可测，与外界没有丝毫的暗示与关联，在山的深意之外让人有喘息的地方，生出内向深度的无尽猜想。

图 4.6.2　大一山庄（二），山水比德

图 4.6.3　大一山庄（三），山水比德

公共与私人领域

大一山庄是世界级的，每栋房子都独一无二。每个与建筑连接的小庭院又是相对私人化的，建筑和庭院的拥有者自然具有强烈的主观意识。此时，公共与私密空间得以重组，个体与群体之间的边界得以重构，他者与我者亦重新定义了。

山水比德设计的第一立意是自然主义，我们想创造能够实现住户之间密切交往的公共空间，公共性是风景园林建造的内在动力。每栋建筑的住宅一方面要求私人空间最大化，保证最大程度的私密性；另一方面还必须无限制使用公共空间。因此，如何处理两者的内在张力，就成为该设计的另一大难题。

在生活空间里，区域权利的实现在很大程度上取决于居住者是否能够明显地辨认出哪些地段属他所有。个体与外界可以同时在视觉、语言、精神以及肉体上发生联系，有机会随心所欲地自由开敞或关闭，而这有望借助公共与私密的空间表达来实现。详细而论，“私密”和“公共”指向了空间的两个端头，有一定的界限，而我们试图建立起实现两者之间的自然过渡和转化机制，让“私密空间”与“公共空间”呈现出自然多样的交织组合状态，从而使得空间呈现出更多的属性和可能性，以生活空间的自由度重建居住者的交流通道。由此，我们构思两种设计途径，在社区居住层面上探讨“私密”与“公共”的过渡和互通关系。

首先，通过拉开不同空间类型间的相对距离，在保证空间视觉连续性前提下，使其呈现介于“流动到停留”的不同过渡关系和状态:“相对开敞”、“临界点”、“绝对围合”。

相对开敞，指的是可视而不可达的空间状态。观者视线的端点是别处的风景，但通过植物水池的层层间隔，在一个尺度不大的空间中映射出重重的幻觉，观者和风景之间可能会产生各种超过预期的不稳定距离感。临界点旨在创造一种柔性的、流动的、迂回的边界，使空间和视线相互渗透，实现一种气韵流动的空间氛围。设计师试图让每个单元保持独立性，但在边界的前后关系、园内外的看与被看关系处理中又设置巧妙的联通点。即便种植密度很高的绿色挡墙，光线和声音仍然能透过层层枝叶使人们心生遐想。而且在柔性的边界之外仍然具有墙内外的联通介质。绝对围合的目的是实现私人领域的完全分隔，最为重要的是，通过边界厚度的拓展包裹和隐藏私密性要求较高的功能空间（图 4.6.4）。

其次，从公共空间单元（湖、亭、廊、平台、林）到别墅庭院边界、私人功能活动区，再到建筑室内，从湖、林到平台廊、亭，均存在一种从相对公共开放到相对私密的空间状态的序列关系，而这种完全公共性到完全私人领域的微妙过渡是当下风景园林师经常忽视的空间关系。这种经过精妙安排的空间序列绝非是均匀的，而是通过相对位置和尺度的剧烈冲突与变化，不断切换连贯的空间叙事的节奏，从而产生多重的模糊边界。而这些不能被清晰定义的空间点和边界能够让每次空间的转换都具有意外感，恰是这种介于中间的模糊感所激发的想象引人遐思，完美契合了中国园林的不稳定模糊空间的本质属性。

概括而言，我们主要处理的是边界问题，无论是完全的围合，还是半渗透，或者相对开敞，都在试图建立私人庭院与公共景观之间的关系，这种关系既包括视觉上的通透与否，也包括五感体验上的通达。在私人庭院中可外借公共景观之妙，在公共空间中既怡然自得又不会干扰私人领域，在私人与公共之间实现某种视觉和心理上的双重平衡。

生态系统的搭建

搭建生态系统主要靠营造生境，生境是指物种或物种群体赖以生存的生态环境，包括森林、稀树草原、草原、湿地等各类型物种的栖息场所。从城市生态学角度看，可视作一场行为主义的活动（activists），我们想探讨的是如何在大地上融入自然生态系统，建造能自我循环的全新都市景观。这一想法与生态学科下的生境概念（即“栖息地”）不谋而合，大一山庄意图借助“生境”的概念和实施手段将设计思维延伸到整个生境系统中，关照地域内生物的个体、种群和群落生活整体生存空间，挖掘场地生态和有潜力的相关影响因素，修复、重造和管理这片新生的自然土地。

图 4.6.4　大一山庄（四），山水比德

人工手段介入后，土壤结构发生了巨大变化，土壤微生物流失严重，原生（次生）植物遭到破坏，地形和土方的重塑问题、场地原有各个种群之间的平衡关系会面临诸多不确定。比如，土壤是一个多层级、可呼吸的三维轮廓，通过供给营养、排蓄水、隔离污染等功能为地面生命提供稳定结构支撑，而项目土方工程的实施极有可能中断和颠覆它。为了维护和恢复“生境”（森林生态系统）的发展规律，我们实施了两项有关土壤和植物的综合策略。

结合技术手段，我们从维护原始土壤结构、保持微生物环境以及地形塑造入手制定土壤方案。首先，场地不外运土壤，场地自行消化地形的正负起伏，补充土方尽可能从附近获取。其次，在土方整理过程中，实验性分离微生物丰富表层（0–20cm）土壤单独留存，意在保持有效土壤结构，尽量只针对部分场地。再次，为实现土壤收集、运输、交换功能，塑造多个坡地（微）地形，在相对狭小的空间内创造出多样的微生态环境；地形由场地原始土壤、表层收集土和补充高肥力有机种植土制成，补充种植土保证土壤的基础结构适宜用作山地树种幼苗生长的土壤培养基，并且可用于进一步塑造地形。同时，通过土方塑造而成的坡地可以对雨水和山地径流进行导流，最简单的自然排水方式，即让水流沿着不同的地形蜿蜒流动，即可为新建林地提供水分（图 4.6.5）。

为了创造多样性的森林生态环境，还原乔木与其他植物、动物、微生物和土壤之间相互依存、相互依赖的平衡关系，最终实现植物群落的自然演替。经过大量现场调研和文献资料搜集整理，确认了白云山主要植物群落类型和优势品种，在此基础上，结合白云山生态系统物种、结构和功能的基础信息，从植物配置、树种、种植密度三个方面开展设计。

在植物树种选择和配置上，遵循白云山整体生态外貌和群落结构特征的指示性植被，选择以常绿阔叶林为主、常绿针叶林为辅的植被类型，其中保留的原生植物群落包括降真香群系、银柴群系、鼠刺群系、马尾松群系、湿地松群系、竹林等。增加常绿树种，上层乔木包括香樟、盆架子、铁冬青、桉树、柚子树、芒果等，特色树种包括紫荆、竹、水杉、枫香、白兰、火焰木等，乔灌木包括杨梅、桂花、合欢、红车、桃花等，中下层灌木包括富贵蕨、灰莉、山瑞香等，地被包括玫瑰、连翘、矮牵牛等。此外，在种植层次上，注意利用坡地横断面的高差搭配不同高度的树种，栽植不同种类的植被，提升树林及其林冠的美感。

在预期的生长周期中，植物密度的景观效果逐渐凸显。顶级群落的乔木和灌木层优势树种幼苗，以每平方米四株的密度进行种植，一年后，幼苗长幅达一倍，植物整体林冠郁闭度适宜，步道被浓密的树冠所遮盖。我们预估和监测幼苗的生长速率，保证阶段性的景观视觉效果，也为此后“人造森林”的自行演替和低成本维护提供数据支持。10 年的时间，在植物自然演替的作用下，大一山庄自身展现了从次生的植物斑块到近自然森林基质的演变过程。

令人欣喜的是，植物群落数年间演变而成的生境生态效应显著，各种微生物、小型飞行动物和哺乳动物等随着整体微气候和生态系统的不断完善，被吸引到这片小型的栖息地中。多样的物种缔造了一处共生、共栖的平衡场域。鸟语、蝉鸣，隐处蛙声逐步回归，生命的协奏曲回绕不断。

图 4.6.5　大一山庄（五），山水比德

时间的魔力

时间是景观的最大塑力之一，尽管时间常常隐秘，但力量不可忽视。在大一山庄项目中，我逐渐认识到时间所发挥的重要魔力。回看大一山庄 10 年的发展历程，深层次的资本和社会力量愈加凸显，受制于这方面的不可控，设计周期一拖再拖，从不到半年一直推迟到近 10 年。甚至最终的设计和建造远远超过项目在初始建造阶段的设计意图。整个设计过程被无限拉长，对于风景园林师来说这既是机遇，更是挑战。一些具体的策略和形式、空间的塑造表达都不可避免地处于不断变化的状态中，正是在变动中，我们不断调整设计方案，以适应新的设计任务。

值得一提的是，第一年设计的局部方案在获得实施和建造后已投入使用，随后几年不断推进的设计也将要动工。如此一来，经过时间打磨的“旧”景观与将要建造的“新”景观神奇地摆在一起，对于设计师而言，这种充满拼贴感的心理体验格外深刻。

景观在时间作用下逐渐变成原始场地的内在组成部分。墙面石材的磨损和意外风化、植物边界的过度生长痕迹，植物与置石之间不复初时的精巧、水瀑冲击下的叠石逐日圆润。时间的形塑与叠加能力在此呈现。同时赋予景观强大的包容性和弹性。建造初期，景观与场地之间存在很多“缝隙”，在悄无声息中，这片自然之地逐渐暗合了场地内在的生长规则，卸去犄角和乖张，与场地融为一体，不分彼此（图 4.6.6）。

如上文所言，该设计以一种完全开敞的姿态面向城市和森林，在保证居住区私密性和安全性的基础上，竭力处理公共与私有之间的边界。为了两全，“模糊边界”的概念和设计思路应运而生。模糊指向一种消除传统意义的围墙、边界所带来的空间的距离感和视觉的割裂感，“林”和“房”之间不再是实与虚的对立关系，而是被一个无固定的场地构架整合为互联的一体，使整个场地变为动态的，房也是林，墙也是林。而正是这种高度“模糊边界”的设计理念，为大一山庄与区域环境甚至城市的空间界限逐渐消解做了注解，在时间的作用下，我们完全可以期待二者之间的界限感会越来越弱。

大一山庄的空间特征并非一成不变，而是在新的力量介入下，新的空间功能获得了重构。在过去的 10 年里，这片私人高档住宅区逐步转变成一处社会空间，拥有公共艺术展示区和社会交往活动区。正是凭借公共与私人之间模糊空间的概念，使得未知的外部力量没有摧毁之前的提案，也没有让大一山庄的空间属性陷入不可调和的困境，而是试图为开放性的空间营造采取未雨绸缪的策略，唯有如此，才能在功能巨变的情况下实现景观的“软着陆”。

大一山庄的景观设计恰好回应了这种时间过程带来的功能变化。在设计初期，大面积的公共景观空间定位就是为建筑功能提供活动和再利用的可能。在此基础上，通过适当的加减法，包括创造连续性的无遮挡宜人尺度、适当的树荫和坐凳，提供各类社交设施（桌子、可移动座椅、笔记本的电源插座、烧烤设备以及乒乓球桌），吸引人们聚集于此。此外，通过策划系列“功能活动 + 空间”的组织模式，在各功能空间紧密联系的同时，确保灵活高效的组织关系，同时为未来空间的可变性寻求新的思路。

图 4.6.6　大一山庄（六），山水比德

V

山水总体剧场

山水总体剧场

GENERAL THEATRE
OF SHAN SHUI

山水比德花费数年的精力，凝思深构，爬梳和建构了景观营造的理论和方法，但必须说明的是，这一临时性的理论纲要既非真理，亦非终论，而是随着市场和时代之需动态发展和变化的。山水比德经历过新山水理论 1.0—3.0 三个不同版本（比如现代体传统心、山水四品、盒中山水）的持续变迁，而在本书的末尾，我提到的休止符指的是山水总体剧场理论。因此，山水总体剧场既与新山水有内在的结构性联系，更有设计方法的更新与深化，两者始终保持着整体与局部的辩证关系。山水总体剧场作为新山水理论的阶段性产物，符合当前城乡环境建设的迫切要求，体现了新山水理论自身的适应性、弹性和包容性。

山水总体剧场是山水比德公司为应对当今人居环境的一系列急剧变迁提出的新设计方法。自工业革命以来，社会生产力大幅提升，伴随着都市空间的急速扩张，盲目的城市建设给人类居住环境带来了环境污染、社会隔离、文化流失等一系列问题。而景观是解决该问题的有力工具，不少景观设计师为此付出了许多努力，但在环境问题日益复杂的情况下，仅靠单一学科难以全方位地协调与解决。于是我们面对当下，追溯过往，从中国传统的山水观和西方的总体设计概念中汲取养分，推出以景观为统筹，协调规划，建筑、室内与艺术设计等多学科整体性参与，以问题意识为导向输出全系统解决方案的设计方法论——山水总体剧场。

从溯源的层面上看，山水总体剧场一方面源自有别于西方“景观”的中国“山水”观，与西方有边界和描述实质物理景致的“景观”相比，中国对自然景致的理解更倾向于万物之间是相互相依的，无论是室内家具摆设、房屋方位，抑或是庭园营造，皆与周围的自然山水格局协调；而另一方面，西方的整体性设计理念在近代也层出不穷，1849 年德国音乐家瓦格纳提出总体艺术（Gesamtkunstwerk）的概念，即综合绘画、建筑、音乐、布景等各种艺术形式，形成综合展示，让观众能够通过各方面的知觉体验获得有如沉浸般的艺术感受。

山水总体剧场的终极目标是：“人能在由山水围绕的舞台中轻盈踱步，自由攀谈，诗意栖居”。作为新山水理论的阶段性思想总结，山水总体剧场的创新性概念主要体现在三个层面：（1）在空间塑形的层面上，消除专业之间的藩篱，打破建筑、景观、室内等学科之间的壁垒，从而实现人居环境营造的多学科的整合性，并且将艺术品、室内、建筑、景观、周边环境、都市、郊区的自然基质，乃至风、光、雨、电等气候条件统筹划归，进行一种共通性的总体设计；（2）在设计师的身份层面上，风景园林师将担任总设计师的角色，综合协调建筑师、规划师、艺术家、舞蹈家、生态学家等专业人员，共同实现总体剧场的营造；（3）在观者参与的层面上，试图通过丰富的、不同的剧场性知觉汇集，激发使用者产生一种总体的艺术体验。

山水总体剧场所包涵的新思想，究其本质而言，可归结为“复兴传统”（recovering tradition）。复兴的对象是古今中外那些遗忘的营造智慧，然后结合当下的境况进行融会贯通，因此，这里的复兴路径主要包括以下三条：（1）中国传统山水（园林）营造智慧中所强调的“整体性”；（2）欧洲包豪斯设计体系中所注重的“总体性”；（3）美国景观都市主义中倡导的风景园林师所承担的“主导性”。

总体性与整体性近乎大同小异，其差别主要是一个强调设计学科的融通，一个强调空间规划设计的融贯。在现代学科出现之前，中国传统的营造智慧便尤其注重空间设计以及艺术门类之间的总体性（或者更准确地说是相似性）。名山大川的开发、大型水利设施的建设、都城的兴建、房屋的位置经营、山水园林的建造、家具和盆栽的打理，这些（从大尺度过渡到小尺度）传统的建造智慧无不渗透着“山水智慧”，即在自然观、宇宙观和文化观的层面上实现一种环境营造的整体性。

总体性也体现在中国传统的艺术创造中，比如说建筑、园林、诗画、书法、戏剧所具有的艺术特点既具有相似性，又共同组成中国的审美层级。同理，20世纪的包豪斯总体剧场理念，亦期待打破不同设计领域之间的隔阂，把艺术、工艺、建筑、景观、雕塑、舞蹈等艺术类型整合考虑，以共同实现在设计领域不断创新的终极目标。

主导性指的是风景园林师可以且应当成为人居环境建设的总指挥。无论是中国古代匠师的文人身份，还是现代风景园林学在都市建设层面上的引领，直到当今欧美学界所形成的普遍性共识（即景观引领未来都市的发展），风景园林师的专业地位得到了显著的提升，扮演着更重要的角色。这种主导性身份不仅体现在中、大尺度的规划上，还体现在设计尺度的空间塑造上。

山水总体剧场尤其注重使用者在各层次的感受：在第一层次上，那些器皿、艺术装置、建筑和景观实体能够形成视觉和物质的感受；在第二层次上，有听觉、味觉、嗅觉和温度、湿度的感受，以及各种云雾雨露所引发的非视觉性知觉；在第三层次上，有主体建构意义上的想象性体验，类似于园林中文人雅集所产生的感受。山水总体剧场就是要在多重的感知维度上，最大限度地唤起肉体的、情感的、理智的总体经验。

概言之，山水总体剧场就是通过强调风景园林师的主导角色，在实现各个学科相互交叉和融通的基础上进行整体性的空间规划设计，以实现新山水式人居环境的营造。

作为设计新思想的山水总体剧场，还需要可行的方法将其实现，因此，我们精心选择了三种策略（“叠加”、“关联”、“编排”）作为具体项目的操作之法。首先，这三种策略性方法的选定试图兼顾项目尺度的多元化，也就是说，试图在小、中、大、超大的尺度上皆能有所适用。其次，这三种方法亦有相应的针对性，即它们分别在功能、空间结构和事件性等维度上具有自身的效用。

无论是从风景园林师的维度，还是以使用者的主动性参与为基础，一块特定的场地不可能只有单一的功能。风景园林师逐渐认识到，不再将一个整体的场所按特定功能划分成若干的分区（zoning），也不以拼接的方式实现其“1+1+1=3”的功能模式，而是强调把众多的功能通过叠加的方式（类似于规划尺度上的千层饼方法）实现功能混合，或者更准确地说，既保持场地的基本功能划分，又特意让某些局部的场地空间保持混合性的功能。在这种混合的功能模式下，设计师便能最大限度地满足人们的各种活动诉求，并且根据自己过往的经验、习惯与喜好采取适宜的活动，让空间的功能多元化，最终实现活动的丰富性。

场地是个充满弹性的空间范畴，小到圣坛上的一棵树，大到城乡的综合区域。山水总体剧场的思想概念假定场地的各种空间节点都处于相互的关联之中，因此，在具体的设计操作中，有关山水总体剧场的设计方法顺理成章地强调关联性（联通性）。在较小的场地设计中，室内、建筑、景观和周边环境（同时也包括植物、地形、水体、材质等元素）既不再保持着独立的状态，更不会处于互相抵触的状态，小到室内展陈的艺术品，大到建筑与景观的内外关系，再到景观与周边环境的拓扑关系，都特别注重各个局部空间的相互联系，只有当局部与局部、局部与整体之间的关系处理得当之时，其整体结构才能彼此“绞合”。在此，“关联”是山水总体剧场中发挥支柱性作用的设计方法，如何把各个场域（field）中隐藏的各种作用“力”（agencies）重新挖掘、协调和整合，将是新山水 4.0 阶段着重研究与应用的设计方向。

“编排”这个术语来自舞蹈理论，尤其强调舞蹈编曲的开放性和过程性。在山水总体剧场的方法中，我们尝试借编排来强调空间设计可操作的途径。编排之径又可分为三个方面：第一，叙事性，即把每个单独的空间编织成一段舞蹈式的（或者文学叙事的）序列，交往与活动即可在此展开；第二，开放性，即让居民充分发挥自身活动的即兴性（improvisation）和创造性（creativity），从而把这段圆舞曲填补完整，是观众而非创作者占据着空间的使用权。第三，事件性，山水总体剧场的设计不是“一站式的服务”，而是为后期的场地活动提供相应的策划，在此，设计不再只关注空间形态（spatial formation），而是更加关注程序性事件（programmatic events），即强调把不同的表演性活动（比如音乐节、舞蹈节等）纳入场地中。

图片来源

Ⅰ 溯园 TRACING GARDEN ORIGINS

图 1.1.1　勒·柯布西耶“母亲之家”的庭院与山湖的风景，瑞士（作者自摄）

图 1.1.2　龙湖·云峰原著，厦门（山水比德）

图 1.2.1　内蒙古自治区（作者自摄）

图 1.2.2　北京通州当代 MOMA 手绘

图 1.3.1　山水比德制定的标准化成果图

图 1.4.1　勒·柯布西耶设计的昌迪加尔（作者自摄）

图 1.4.2　《都市与公园论》，陈植，1931 年

图 1.4.3　没有边界的奔跑（山水比德）

图 1.5.1　川藏沿线（作者自摄）

图 1.6.1　拙政园的梧竹幽居 [引自：（瑞典）喜仁龙 . 西洋镜：中国园林 [M]. 赵省伟，邱丽媛，编译 . 北京：台海出版社，2017]

图 1.6.2　凤凰文投山水尚境（建筑设计：陈一峰；景观设计：山水比德）

图 1.7.1　四本当代景观理论的书籍（作者自摄）

图 1.7.2　钱学森致吴良镛的信件（胡洁，《山水城市·梦想人居》）

Ⅱ 山水基因 SHAN SHUI GENE

图 2.1.1　思维 / 建造 / 环境三者间的互动关系

图 2.1.2　山水的艺术表现

a-《冯摹兰亭序》卷，唐，冯承素摹，纸本，行书，纵 24.5 厘米、横 69.9 厘米，北京故宫博物院藏；

b- 青花人物图长方瓷板，清，康熙，长 27.2 厘米、宽 17 厘米、高 4.2 厘米，北京故宫博物院藏；

c-《画法大成》之《临郭熙卷云笔》，明，朱寿镛、朱颐厔，1615 年刊刻（石守谦 . 山鸣谷应
中国山水画和观众的历史 [M]. 上海：上海书画出版社，2019）

d- 狮子林，苏州四大名园之一，始建于元代（作者自摄）

图 2.1.3　《千里江山图》卷 (局部)，北宋，王希孟，绢本，设色，纵 51.5 厘米、横 1191.5 厘米，现藏于北京故宫博物院

图 2.1.4　留园（作者自摄）

图 2.1.5　上海豫园，始建于明代（作者自摄）

图 2.2.1　《千里江山图》局部，北宋，王希孟，散点透视形成的动观方式
（陈琳 . 覃俊博 . 孙虎 . 北宋《千里江山图》中的山水人居环境营造研究 [J]. 中外建筑 .2021，4：165-169）

图 2.2.2　环秀山庄（作者自摄）

图 2.2.3. 理想风水格局（王其亨等 . 风水理论研究（第 2 版）[M]. 天津：天津大学出版社，2005）

图 2.2.4　宏村山环水抱人居环境（作者自摄）

图 2.3.1　《山水图》扇页，明，蒋嵩，金笺，墨笔，纵 18.2 厘米、横 50 厘米，现藏于北京故宫博物院

图 2.3.2　气韵的媒介特质，凤凰文投山水尚境（建筑设计：陈一峰；景观设计：山水比德）

图 2.4.1　《窠石平远图》，北宋，郭熙，绢本设色，横 167.7 厘米、纵 120.8 厘米，现藏于北京故宫博物院

图 2.4.2　游，凤凰文投山水尚境（作者自摄）

图 2.4.3　颐和园平面图（周围权 . 中国古典园林史 [M]. 北京：清华大学出版社，2008）

图 2.4.4　沧浪亭复廊（作者自摄）

图 2.4.5　明，文徵明，《兰亭修契图 (全卷)》，金笺设色，横 146 厘米、纵 27 厘米，现藏于北京故宫博物院

图 2.5.1　五代后梁，荆浩，《匡庐图》，绢本，横 106.8 厘米、纵 185.8 厘米，现藏于台北故宫博物院

图 2.5.2　清，石涛，《搜尽奇峰打草稿图》，纸本墨笔画，横 285 厘米、纵 42.8 厘米，现藏于北京故宫博物院
图 2.5.3　宋，许道宁，《秋江渔艇图》，绢本，横 260 厘米、纵 49.5 厘米，现藏于美国纳尔逊 - 艾金斯美术馆
图 2.5.4　南宋，马远，《寒江独钓图》，绢本，横 82 厘米、纵 65 厘米，现藏于东京国立博物馆
图 2.5.5　明，董其昌，《佘山游境图》，纸本，横 41 厘米、纵 98.4 厘米，现藏于北京故宫博物院
图 2.6.1　白鹭湾公园，山水比德
图 2.7.1　豫园，会景楼（作者自摄）
图 2.7.2　拙政园，见山楼（作者自摄）

Ⅲ创造性转化 CREATIVE TRANSFORMATION
图 3.1.1　萨伏伊别墅（作者自摄）
图 3.1.2　路德维希·密斯·凡·德·罗的伊利诺伊州芝加哥会议厅项目（鸟瞰图和结构细节，1953 年）
图 3.1.3　里斯本音乐学院考察
图 3.1.4　广州龙湖·云峰原著，山水比德，2019 年
图 3.1.5　陆家嘴·九庐，上海，山水比德，2019 年
图 3.1.6　广钢公园的现场抓取，山水比德，2017 年
图 3.1.7　广州白云望南旧村改造，手绘，2020 年（作者自绘）
图 3.2.1　葡萄牙游学，2018 年
图 3.2.2　前方的花园（The garden of the anterior），伯纳德·拉索斯，1998 年
图 3.2.3　教堂的速写（作者自绘）
图 3.2.4　白鹭湾社区公园的场地摄影图，日照，2019 年
图 3.3.1　戈壁徒步，2018 年
图 3.3.2　大正水晶森林，郑州，2017 年
图 3.3.3　《韩熙载夜宴图》（局部），顾闳中，五代·南唐，现存宋摹本，绢本设色，宽 28.7 厘米、长 335.5 厘米，现藏于北京故宫博物院
图 3.3.4　建业北龙湖，郑州，2019 年
图 3.4.1　松·生活馆，西安，2019 年
图 3.4.2　当代·万国府，北京，2018 年
图 3.5.1　雷布斯托克公园的生成图
图 3.5.2　日照白鹭湾社区公园，2020 年
图 3.6.1　前海大道规划设计提升，深圳，2019 年
图 3.6.2　阳朔凤凰文投山水尚境，山水比德，2018 年
图 3.7.1　重庆招商·雍璟城，山水比德
图 3.7.2　旭辉银盛泰，铂悦灵犀湾，山水比德
图 3.7.3　云南白药·大理健康养生创意园，山水比德

Ⅳ山水营造 CREATION ON SHAN SHUI
图 4.1.1　日照森林公园（一）（作者自摄）
图 4.1.2　日照森林公园（二），山水比德
图 4.1.3　日照森林公园（三），山水比德
图 4.1.4　日照森林公园（四），山水比德

参考文献

[1] （瑞士）克里斯托弗·吉鲁特，多拉·英霍夫．当代景观思考 [M]. 卓百会，郑振婷，郑晓笛，译．北京：中国建筑工业出版社，2019.
[2] （美）詹姆斯·科纳，艾利森·赫希．景观之想象 詹姆斯·科纳思想文集 [M]. 慕晓东，吴尤，译．北京：中国建筑工业出版社，2021.
[3] （英）柯律格．蕴秀之域：中国明代园林文化 [M]. 孔涛，译．开封：河南大学出版社，2019.
[4] 萧驰．诗与它的山河：中古山水美感的生长 [M]. 北京：生活·读书·新知三联书店，2018.
[5] 翟俊．景观都市主义的理论与方法 [M]. 北京：中国建筑工业出版社，2018.
[6] Liat Margolis, Alexander Robinson. Living Systems: Innovative Materials and Technologies for Landscape Architecture[M].Basel：Birkhäuser Architecture, 2007.
[7] 葛晓音．山水·审美·理趣 [M]. 香港：三联书店，2017.
[8] 吴欣，柯律格、包华石、汪悦进等．山水之境：中国文化中的风景园林 [M]. 北京：生活·读书·新知三联书店，2017.
[9] （意）曼弗雷多·塔夫里、弗朗切斯科·达尔科．现代建筑 [M]. 刘先觉，译．北京：中国建筑工业出版社，2000.
[10] Treib, Marc. Representing landscape architecture[M]. London：Routledge, 2007.
[11] Swaffield, Simon. Theory and Critique in Landscape Architecture[J]. Journal of Landscape Architecture, 2006，1：22-29.
[12] （英）罗宾·埃文斯．从绘图到建筑物的翻译及其他文章 [M]. 刘东洋，译．北京：中国建筑工业出版社，2018.
[13] Susan Herrington. Landscape Theory in Design[M]. London: Routledge, 2017.
[14] （美）班宗华．行到水穷处：班宗华画史论集 [M]. 白谦慎，编，刘晞仪，译．北京：生活·读书·新知三联书店，2017.
[15] （法）朱利安．山水之间：生活与理性的未思 [M]. 卓立，译．上海：华东师范大学出版社，2017.
[16] Charles Waldheim. Landscape as Urbanism, A General Theory[M]. Princeton：Princeton University Press, 2016.
[17] Martin Prominski, Spyridon Koutroufinis. Floded Landscape: Deleuze's Concept of the Folded and Its Potential for Contemporary Landscape Architecture[J]. Landscape Journal, 2009，28：151-161.
[18] （美）阿恩海姆．艺术与视知觉 [M]. 滕守尧，朱疆源，译．成都：四川人民出版社，1998.
[19] 陈从周．说园 [M]. 上海：同济大学出版社，1984.
[20] 杨锐．论“境”与“境其地”[J]. 中国园林，2014，6：5-11.
[21] 鲍世行．钱学森论山水城市 [M]. 北京：中国建筑工业出版社，2010.
[22] John Dixon Hunt. Lordship of the Feet : Toward a Poetics of Movement in the Garden, in Michel Conan ed., Landscape Design and the Experience of Motion, Dumbarton Oaks Research Library and Collection, Washington, D.C, 2003.
[23] （美）彼得·沃克，梅拉尼·西莫．看不见的花园：探寻美国景观的现代主义 [M]. 王建，王向荣，译．北京，中国建筑工业出版社，2009.
[24] （美）伊·恩·麦克哈格．设计结合自然 [M]. 芮经纬，译．天津：天津大学出版社，2006.
[25] （英）阿德里安·福蒂．词语与建筑物：现代建筑的语汇 [M]. 李华，武昕，诸葛净，译．北京：中国建筑工业出版社，2018.
[26] James Corner. Recovering Landscape: Essays in Contemporary Landscape Architecture[M]. Princeton：Princeton Architectural Press, 1999.

[27] 阿科米星建筑设计事务所 . 阿科米星 2009-2019[M]. 上海：同济大学出版社，2020.

[28] 庄慎，华霞虹 . 改变：阿科米星的建筑思考 [M]. 上海：同济大学出版社，2020.

[29] Geoffrey Alan Jellicoe, Susan Jellicoe. The Landscape of Man: Shaping the Environment from Prehistory to the Present Day[M]. London：Thames & Hudson, 1995.

[30] （英）E.H. 贡布里希 . 图像与眼睛：图画再现心理学的再研究 [M]. 范景中，杨思梁，徐一维，劳诚烈，译 . 南宁：广西美术出版社，2016.

[31] （瑞士）皮特·卒姆托 . 思考建筑 [M]. 张宇，译 . 北京：中国建筑工业出版社，2010.

[32] （日）安藤忠雄，Lens. 安藤忠雄：建造属于自己的世界 [M]. 北京：中信出版集团，2017.

[33] 青锋 . 评论与被评论——关于中国当代建筑的讨论 [M]. 北京：中国建筑工业出版社，2016.

[34] （美）罗伯特·文丘里，丹尼斯·布朗，史蒂文·艾泽努尔 . 向拉斯维加斯学习 [M]. 徐怡芳，王健，译 . 北京：水利水电出版社，2006.

[35] Whalley Robin, Jennings Anne. Knot Gardens and Parterres. Antique Collectors Club Ltd, 1998. Box Hal. Think Like an Architect[M]. Austin：University of Texas Press, 2007.

[36] （美）安东尼·维德勒 . 建筑的异样性：关于现代不寻常感的评论 [M]. 贺玮玲，译 . 北京：中国建筑工业出版社，2018.

[37] （美）克莱尔·库珀 . 马库斯，卡罗林·弗朗西斯 . 人性场所——城市开放空间设计导则 [M]. 俞孔坚，孙鹏，译 . 北京：中国建筑工业出版社，2001.

[38] 吴良镛 . 人居环境科学导论 [M]. 北京：中国建筑工业出版社，2001.

[39] Edward R. Ford. Five Houses, Ten Details[M]. Princeton：Princeton Architectural Press，2009.

[40] （美）约翰·O. 西蒙兹 . 景观设计学 [M]. 俞孔坚，王志芳，孙鹏，译 . 北京：中国建筑工业出版社，2000.

[41] Bill Hillier. Space is the Machine: A Configurational Theory of Architecture[M]. Cambridge：Cambridge University Press, 1999.

[42] Colin Rowe, Prof Fred Koetter. Collage City[M]. Cambridge：The MIT Press，1984.

[43] （美）莫森 • 莫斯塔法维，加雷斯 • 多尔蒂 . 生态都市主义 [M]. 俞孔坚，译 . 南京：江苏科学技术出版社，2014.

[44] （美）莱瑟·巴罗 . 地形学故事：景观与建筑研究 [M]. 刘东洋，陈洁萍，译 . 北京：中国建筑工业出版社，2018.

[45] 彭一刚 . 中国古典园林分析 [M]. 北京：中国建筑工业出版社，1986.

[46] Kevin Lynch, Gary Hack. Site Planning[M]. Cambridge：The MIT Press，1984.

[47] （美）巫鸿 . “空间”的美术史 [M]. 钱文逸，译 . 上海：上海人民出版社，2018.

[48] （美）巫鸿 . 重屏：中国绘画中的媒材与再现 [M]. 文丹，译 . 上海：上海人民出版社，2017.

[49] （美）罗伯特·麦卡特，（芬）尤哈尼·帕拉斯玛 . 认识建筑 [M]. 宋明波，译 . 长沙：湖南美术出版社，2020.

[50] （瑞士）希格弗莱德·吉迪恩 . 空间·时间·建筑：一个新传统的成长 [M]. 王锦堂，孙全文，译 . 武汉：华中科技大学出版社，2014.

[51] 金秋野 . 中国建筑与城市评论第一辑：新集体与日常 [M]. 上海：同济大学出版社，2018.